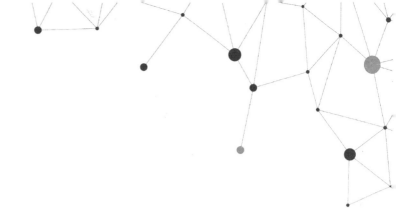

轻松读懂人工智能

李　鹏　著

U0363966

中国金融出版社

责任编辑：张　铁
责任校对：潘　洁
责任印制：张也男

图书在版编目（CIP）数据

轻松读懂人工智能/李鹏著. —北京：中国金融出版社，2019.5
ISBN 978 - 7 - 5220 - 0051 - 0

Ⅰ.①轻…　Ⅱ.①李…　Ⅲ.①人工智能—普及读物　Ⅳ.①TP18–49

中国版本图书馆CIP数据核字（2019）第056707号

轻松读懂人工智能
Qingsong Dudong Rengong Zhineng

出版
发行　中国金融出版社

社址　北京市丰台区益泽路2号
市场开发部　（010）63266347，63805472，63439533（传真）
网上书店　http://www.chinafph.com
　　　　　　（010）63286832，63365686（传真）
读者服务部　（010）66070833，62568380
邮编　100071
经销　新华书店
印刷　北京侨友印刷有限公司
尺寸　169毫米×239毫米
印张　11.5
字数　170千
版次　2019年5月第1版
印次　2019年5月第1次印刷
定价　45.00元
ISBN 978 - 7 - 5220 - 0051 - 0
如出现印装错误本社负责调换　联系电话（010）63263947

人工智能来了

（代序）

一、不管你爱与不爱，它都终将成为历史的尘埃——人工智能真的来了

朋友，也许你正用手机看着微信或者玩着游戏，我相信你十有八九用的是智能手机。

朋友，也许你正在伏案工作书写，我相信你十有八九用的是智能电脑、智能浏览器、智能输入法。

朋友，也许你正在路上驾车前行，我相信当你要到一个陌生目的地的时候，你十有八九会使用智能导航系统。

朋友，也许你非常关心自己的健康问题，我相信你的手腕上十有八九戴着一个智能手环。

……

今天的世界，可以说是"无智能，不生活"。虽然这些智能设备还很简单粗放，有的还称不上真正意义上的人工智能，但人工智能的确已经渗透到我们工作、生活、学习的方方面面了，人工智能就好像阳光、空气和水一样，成为我们生活中不可或缺的元素。

人工智能作为一个有着 60 余年历史的话题，经历了曲折起伏的发展历程，特别是近几年来的发展趋势如惊涛骇浪般势不可当。人工智能将成为影响人类今后一段时间的重要力量，这一点已经在世界各国形成了共识，我国尤其重视。2017 年 3 月，人工智能首次被写入政府工作报告，同年7月，国务院公布了《新一代人工智能发展规划》，10月，人工智能被写入党的十九大报告，12月，工业和信息化部印发了《促进新一代人工智能产业发展三年行动计划》。2018年10月31日，中共中央政治局专门就人工智能发展现状和趋势举行集体学习。习近平总书记在主持学习时强调：

人工智能是新一轮科技革命和产业变革的重要驱动力量，加快发展新一代人工智能是事关我国能否抓住新一轮科技革命和产业变革机遇的战略问题。要深刻认识加快发展新一代人工智能的重大意义，加强领导，做好规划，明确任务，夯实基础，促进其同经济社会发展深度融合，推动我国新一代人工智能健康发展。

不管你对人工智能的认知如何，人工智能的迅猛发展已成为历史必然。所以，我们很多人开始不淡定了。面对来势迅猛的人工智能，我们似乎准备得还不够，我们似乎认识还不充分，我们似乎有些迷茫、惶恐、焦虑。于是乎，各种言论甚嚣尘上。

人工智能有望在多少年内全面超越人类。

我们将制造出具有人类情感和意识的机器人。

多少年后，80%以上的工作将被人工智能取代。

到什么什么时候，机器人将统治世界。

……

这些观点很有煽动性，大有乱花渐欲迷人眼的趋势。

事实真会如此吗？带着这些问题，让我们一起展开本书的探讨，为你解开心中的结。

二、一样的人工智能，不一样的研究视角——用历史的、发展的和辩证的眼光看人工智能

1. 让历史告诉未来——用历史的眼光看人工智能发展

马克·吐温曾经说过："历史不会重演，但总会有惊人的相似。"今天是昨天的明天，同时，也是明天的昨天。人工智能并不是一个新

生事物，它已经有60多年的历史。要想知道人工智能的明天，我们不妨翻看一下它的昨天，仔细端详一下它的今天，也许趋势能够揭示一些问题。人工智能不是孤立的，它今天的强势崛起，是后互联网时代重要催化作用的结果，互联网的发展历程也能为认识人工智能带来些许灵感。如果我们把眼光放到更长远的历史长河，从蒸汽机到电的发明，再到互联网的兴起，几次工业革命对人类社会带来的变化和影响，是我们分析人工智能发展趋势的重要思想宝库。

2. 前途是光明的，道路是曲折的——用发展的眼光看人工智能发展

在对人工智能的研究中，我们要避免两种极端的观点。一种是急功近利的观点，希望上午种树下午就能乘凉，希望人工智能能够立竿见影、成果立现，瞬间突破所有技术难关，倏忽一夜，人工智能占领我们生活的全部。殊不知，罗马不是一天建成的，像这样重大的技术和社会变革，没有较长时期的演变是难以见到大成效的。还有一种是"一朝被蛇咬、十年怕井绳"的悲观心理，由于人工智能经历了几次起伏，有的人对人工智能的前途持怀疑态度，总觉得人工智能困难重重，不知出路何在。人工智能经历了几次波折，正在崭露头角，已经逐渐进入人们的生活，这样的趋势是不可阻挡的，只是需要我们有更多的耐心和努力。

3. 世界上没有绝对的真理和谬论——用辩证的眼光看人工智能的发展

在分析人工智能的过程中，我们始终有一些挥之不去的心结：人工智能到底是利大于弊还是弊大于利，人工智能到底是救世英雄还是洪水猛兽，人工智能到底能不能全面超越人类智能，人工智能会不会让我们都失业，人工智能会不会让人类毁灭？我们经常会陷入非黑即白、偏执一端的思想困境，我们总是想用各种方法来证明一就是一、二就是二。对待人工智能，很多时候我们需要有一分为二的眼光。不能一说人工智能好就好得十全十美，一说人工智能不好就认为一无是

处，不能一说人工智能强就强得无所不能，一说人工智能弱就弱得一文不值。

三、你以为的，并不一定是你以为的——人工智能，想说爱你并不容易

这是文章的重要观点和内容，笔者将从不同方面进行详细阐述。

1. 在研究路径上需要突破原有的局限。首先，在人们普遍关注算法算力和大数据的背景下，要更加重视万物互联的基础作用。在快捷为王的人工智能时代，万物互联要实现从符号式接入向感应式接入转变、从程序性识别向生物性识别转变、从重介质向轻介质甚至去介质化转变、从多点登录向单点登录转变。其次，为了更好地利用大数据，发挥大作用，避免大失误，要讲究数据挖掘，推动从表征型数据思维向关系型数据思维转换。最后，在人工智能研究的路径方面，无论是机械模仿的"鸟飞派"，还是惊世骇俗的智能增强派都难辞片面之窠臼，人机协同方得始终。

2. 在认知思辨上需要摆脱传统的禁锢。我们不能奢望人工智能做到十全十美，我们不得不接受缺陷美，这就是从无限理性到有限理性的思维转变。人工智能不是人类的终结者，而是人类的朋友和伙伴，这就是从替代到融合的思维转变。人工智能也不是世界的主宰，这就是从主体论到工具论的转变。人工智能要有生机和活力，必须走出魔法学院，飞入寻常百姓家，也就是要实现从理论向实操的转变。

3. 要有久久为功的思想准备和战略定力。人工智能的发展切忌急功近利，要有长期奋斗的专注精神，要有开拓创新的进取精神，还要有精益求精的工匠精神。享誉世界数百年的瑞士腕表、意大利皮具之所以经久不衰，靠的就是一种执着和专注的精神。近年来，我国高度重视发展人工智能的重要战略机遇，并且取得了可喜的成绩，但依然面临着芯片等核心技术受制于人、被人"卡着脖子"的窘境，浮华的表面掩饰不了内"芯"的伤痛。在商业资本、风险投资大举进入人工智能领域的背景下，还存在着不少炒作概念、虚报浮夸的不良现象，突出表现为"牛皮漫天吹，就是不落地""烧钱炒概念，就是不挣钱"等现象。给人工智能去去虚火、挤挤泡沫势在必行。

4. 要客观认识人工智能的利弊优劣。人工智能对人类社会发展带来了极大的便利性，但也存在着对人类的"挤压效应"，隐私保护难度加大，智能时代"一损俱损"的风险加大，人工智能对道德和法律领域规则挑战等问题。不能片面地认为人工智能给人类带来巨大便利，而看不到其危害，也不能因为人工智能有危害，而裹足不前、故步自封，错失大好发展良机。对于这些问题，我们不能漠然视之，要早发现早预防、未雨绸缪、及早行动，从法律、技术、道德等方面综合应对。人工智能在存储量、运算速度、标准化程序性思维等方面有着人类不能企及的优势，但也存在着场景认知（抽象思维）能力不足、经验知识欠缺、自我意识和情感缺乏、创造性行为能力较弱等先天不足。

是为序。

李　鹏

2019 年 5 月

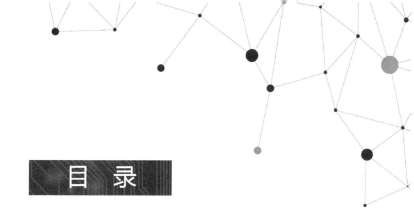

目　录

第一章
人工智能：你以为的并不一定是你以为的

我们处于什么方向不要紧，要紧的是我们正向什么方向移动。

——霍姆兹

如果方向错了，停止就是进步。

——易中天

　　熟知并非真知。我们对新生事物的认识是一个不断深化甚至调整的过程，最初可能存在认识的偏差。我们最初对事物的判断可能与它最后呈现出的面貌相去甚远，甚至南辕北辙，但这丝毫阻挡不了我们对未知世界的探求。千百年来，我们一直深信地球是宇宙的中心，但后来证明太阳才是宇宙的中心，围绕地心说与日心说的争论异常激烈，有人甚至付出了生命的代价。

　　在信息技术的发展中，最早我们认为网络的功能主要是信息发布，后来演变出搜索，然后是主动推送；网络人际交往最早通过邮件、BBS，后来出现了微博、微信；电子商务最早就是把有形的商品放到网上卖，后来由于物流配送的高度发达以及第三方支付的兴起才带来了电子商务划时代的变革。

对于人工智能的认识也许我们还停留在很粗浅的层面，在有的方面还存在着偏差误区。若干年后，当我们再去看人工智能的时候，我们可能会对当初的懵懂付诸一笑。也许那些我们现在坚信不疑的事情将会被彻底颠覆，也许今后人工智能通用的工具、技术现在还根本没有出现，人工智能最伟大的东西似乎还没有被发明出来。我们目前对人工智能的很多设想最后可能都会被证明是空想，但仍然阻挡不了我们对未来的探索。如果我们没有千百年孜孜以求的飞天梦想，可能就不会有飞机的出现。梦想不一定对，但没有梦想一定不对。人类没有了梦想，世界就没有了发展的方向和动力。

 ## 第一节　连接至上——人工智能还需一张红桃 A

李克强总理在 2018 年十三届全国人大一次会议结束后的答记者问中讲到，要拓展"互联网 +"向"智能 +"发展。可见，互联网在人工智能的发展中发挥着举足轻重的作用。

一、六十甲子一轮回，千呼万唤为哪般

一般认为，第二次世界大战时期的盟军密码专家、数学天才阿兰·图灵最早提出了人工智能的设想。他在 1950 年的一篇论文《计算机器与智能》中写道："如果电脑能在 5 分钟内回答由人类测试者提出的一系列问题，且其超过 30% 的回答让测试者误认为是人类所答，则电脑通过测试。"图灵也据此被奉为人工智能的开山鼻祖，以图灵命名的奖项也成为计算科学领域的"奥斯卡奖"。

1956 年，一群意气风发的青年才俊齐聚美国新罕布什尔州汉诺佛（Hanover）小镇上风景如画的达特茅斯学院，召开了"人工智能夏季研讨会"（Summer Research Project on Artificial Intelligence），此次会议的召开被公认为人工智能的肇始。

会议原址：达特茅斯楼

参会的很多专家日后成为人工智能乃至多个领域如雷贯耳的泰斗级人物，包括信息论的创始人香农，博学多才、在多个领域建树颇多并获得诺贝尔奖的西蒙，还有被誉为人工智能之父的麦卡锡、明斯基等。在当时，科学家们对人工智能信心满满，有许多大胆的预测，比如，1957年西蒙就曾预言，10年之内，计算机下棋将战胜人类。在此之后，一代又一代人工智能专家学者为此孜孜以求，从不同角度开展了大量的研究探索，掀起了人工智能的第一波高潮，但在20世纪七八十年代，人工智能又两次跌入低谷，直到1997年IBM"深蓝"战胜当时横扫世界的国际象棋冠军——俄罗斯的卡斯帕罗夫，人们又重拾对人工智能的信心。在2011年2月14日情人节那一天，IBM"沃森"登陆北美广受欢迎的电视智力竞技节目《危险边缘》，在2月14—16日三天的答题中，沃森前两天与对手打成平手，但在最后一天一举击败肯·詹宁斯和布拉德·鲁特尔两位人类冠军，夺得总冠军并获得100万美元奖金。

这让人们再一次体会到人工智能的强大，这也极大地鼓舞了IBM发展人工智能的士气和雄心，IBM以其创始人沃森命名的人工智能系统功能越来越强大，在医疗等一系列领域取得了长足的发展。

2016年，是人工智能诞生60年。所谓六十甲子一轮回，当年参加达特茅斯会议的人工智能开山泰斗们都遗憾地纷纷离我们而去，但人工智能进入了爆发式发展的新阶段，有人称之为人工智能第三次浪潮的元年。这一年，谷歌"阿尔法狗"（Alphago）战胜了围棋世界冠军李世石。当年在IBM"深蓝"战胜卡斯帕罗夫后，很多人对此还不屑一顾，很多围棋专家认为围棋的复杂程度远高于国际象棋，机器要战胜人类可能还需要一百年，但实际上只用了不到20年。从2016年开始，人工智能已经掀起了热度一浪高过一浪的大潮。这一次，大家普遍认为，人工智能真的来了，就在我们的身边。

二、三足鼎立擎巨擘，一招制胜开新篇

"三"在中国传统文化中有着至关重要而又极其玄妙的地位。俗话说，"一个篱笆三个桩，一个好汉三个帮"。老子《道德经》也讲，"道生一，一生二，二生三，三生万物"。

纵观人工智能的发展历程，为什么经历了60多年的跌宕起伏方有今天的局面，很多专家都会从专业的角度给出答案，那就是算法和计算能力的长足发展，等等。的确，从最初的符号主义、统计计算到后来的专家系统、神经网络系统，再到这一次的机器学习、深度学习、认知学习等，机器的计算方法更加科学而有效。同时，随着芯片技术的发展，机器的体积越来越小，运算能力越来越强。1946年诞生的首台现代电子计算机Eniac占地约170平方米，重达30多吨，而运算速度只有每秒5000次加法或400次乘法。而现在的高速计算机神威太湖之光运算速度达到每秒12亿亿次。

光有这些够不够呢？在人工智能领域，大家目前普遍认识到了，人工智能近年来的快速发展还有一个重要原因，就是大数据的兴起。大家把人工智能的爆发比喻成火箭发射，算法和计算能力（算力）好比火箭的发动机，而大数据则是源源不断的燃料。这样的比喻是贴切而中肯的，但我认为还不够全面。

Eniac 系统一角

　　如果让我打一个比方的话，我会把人工智能比喻成飞驰的列车，算法和计算能力是发动机，大数据是燃料，而连接（Link）则是道路。如果没有互联网，人工智能就是空中楼阁、镜花水月，无本之木、无源之水。人工智能的发展就像交通运输业发展一样，快捷的接入方式好比四通八达的道路，如果没有道路，一切都失去了载体，再先进的运载工具都无处施展拳脚。

　　回溯 20 世纪 90 年代，在人工智能再度兴起的时候，与此相伴的是互联网的快速崛起和广泛应用。试想，如果没有互联网，还会有人工智能的今天吗？人工智能与互联网不是桥归桥、路归路的关系。毛泽东曾经有一个经典的比喻，我们的任务是过河，但是没有桥或船就不能过。不解决桥和船的问题，过河就是一句空话。从这个角度来看，互联网就是人工智能的桥和船。

　　人工智能已经有 60 多年的历史，为什么近两年来如山洪暴发般蓬勃发展，固然有深度学习理论等方面的突破，但其中很重要的基础性原因是互联网的快速发展，实现了互联互通、快速接入。智能时代，连接依然是基础。人工智能依然是后互联网时代的产物，是互联网发展到一定程度的深化。

人工智能，一旦你集齐了算法和算力、大数据、万物互联这三张A，我们还有什么理由不看好你？你还有什么理由不无往而不胜呢？

三、万物互联网一张，安全高效是关键

人工智能要实现普及首先必须解决人与机器、人与人、机器与机器之间的快捷连接，这是一种人与物的高度协同，这就是所谓的万物互联（Internet to Things，IoT），也有人称为信息物理系统（Cyber-Physical System，CPS）。万物互联时代，我们身处一张巨大的网络之中，我们就是网络中的一个节点，一个元器件，就像张学友在《情网》中所唱的那样，"你是一张无边无际的网，轻易就把我困在网中央"。有人说，在传统时代里，人类生存的基本环境条件是阳光、空气和水，而在人工智能时代还需要加上网络。

现在大家每到一个地方，首先关心的是有没有WiFi，密码是什么。试想，我们凭借笨重的终端，每到一个场景首先问WiFi密码，然后登录，输入密码，智能化程度就大大下降了。因此，人工智能要有大发展，必须是万物互联、快速接入。近年来，贵阳发展大数据、人工智能产业取得了令人瞩目的成绩，贵阳也因此被誉为"中国数谷"。贵阳在智能连接方面进行了积极的探索，建设成了中国首个全域公共免费WiFi城市，只要打开手机就能搜索到"D-Guiyang"信号，无需密码，在弹出的登录页面中登录即可连接上网。每个终端的下载速度能达到2~4Mbps，足以满足日常需求。

网络连接下一个重要的问题是速度与效率。1994年我国最早接入国际互联网的时候用的是一条64 k的国际专线。经过30年的发展，目前很多城市带宽都达到了二三十兆的水平，但这离人工智能的需求还相去甚远。人工智能时代，大量接入点带来巨大负载，使得信息传输数量巨大。目前，全世界都在研究5G传输。5G网络至少满足

100Mbps 下载速度、50Mbps 上传速度，网路延迟时间不得超过 4 毫秒。试想，在车联网的时代，把周围的动态视频高清信息传输到车辆控制系统，哪怕时滞达到 0.01 秒，后果都是不可估量的。而在 5G 网络上，以每小时 100 公里速度行驶的联网汽车，从检测到障碍物到车辆完全停止，误差仅为几厘米。

万物互联时代也对网络安全提出了新的挑战，所谓道高一尺，魔高一丈。网络效率和安全历来是一对相生相伴的矛盾。在万事万物都在网络的时代，如果没有了网络安全，就相当于把我们的所有信息暴露在光天化日之下。在 2015 年的央视 "3·15" 晚会上，主持人让大家加入现场一个无线网络信号，然后打开消费类软件，订单和消费记录统统被提取，包括电话号码、家庭住址、身份证号码、银行卡号，甚至在网上订过的电影票、具体到几排几座，还有购物记录也被统统提取。这种问题如果一直带到人工智能时代，我们还不如不要这样的智能。

人工智能时代，连接为王，万物互联，快速连接，安全连接。

延伸阅读

史海撷趣：达特茅斯会议上最具传奇色彩的大咖
——赫伯特·西蒙

1956 年 8 月在达特茅斯学院召开的 "人工智能夏季研讨会"（Summer Research Project on Artificial Intelligence）是一个典型的 "神仙会"，会议足足开了两个月的时间，讨论一个完全不食人间烟火的主题：用机器来模仿人类学习以及其他方面的智能。参会的人估计谁也没有想到这次会议能够成为人工智能发展史上的肇端之举。

据约翰·麦卡锡（John McCarthy）、马文·明斯基（Marvin Minsky）回忆，最初只有 6 人参加（六君子），除麦卡锡、明斯基外，还有克劳德·香农（Claude Shannon）、艾伦·纽威尔（Allen

Newell）、赫伯特·西蒙（Herbert Simon）、塞弗里奇四人。但实际上除了上述六君子外，另外还有四人也参加了达特茅斯会议。他们是来自 IBM 的萨缪尔（Arthur Samuel）和伯恩斯坦，他们一个研究跳棋，一个研究象棋，还有达特茅斯学院的教授摩尔（Trenchard More），还有所罗门诺夫（Solomonoff）。

这些人工智能的先驱后来大多在各自领域里做出了骄人的成绩，其中也不乏一些传奇人物，首当其冲的莫过于赫伯特·西蒙。下面就让我们一睹这位大仙的传奇人生。

一、年少时潇洒风流的不羁之子

1916 年，西蒙出身于美国威斯康星州密尔沃基市一个富裕家庭。他年少轻狂，但天资聪颖，所以经常会做出一些逃课、打架、泡妞等出格举动，给人的印象简直就是一位活脱脱的纨绔子弟。为了撩妹，他陪姑娘画画、弹钢琴、下棋，还练就了琴棋书画各种雅好。他在回忆录里说："高中那时的学业对我来说太容易，以至于我要不断地踢足球、打篮球、弹钢琴、和朋友聚会、集邮票、外出爬山旅行等来打发空闲的时间。"1933 年，他高中毕业进入了芝加哥大学。进入大学后，西蒙更加放荡不羁，喝酒打架泡妞是常事。大学毕业时成绩一塌糊涂，但有一门课程得了优秀，那就是拳击课。

二、觉醒后博学多才的跨界天才

好女人是一所学校。改变一个浪子只需要一个合适的女人。大学毕业后，学业成绩并不出色的西蒙做着初级的零售工作，直到有一天，一个妹子的出现彻底扭转了这位风流浪子的人生旅途，这就是多萝西娅·伊莎贝尔·派伊。西蒙和派伊一见钟情，闪婚是标配，浪子回头，释放满满正能量，从此一发不可收拾，然后就有了下面的光辉岁月、传奇人生。

在之后的三十多年中，西蒙一共获得了 9 个博士学位：

1943 年，加利福尼亚大学哲学博士学位；

1963 年，凯斯工学院科学博士学位；

1963 年，耶鲁大学科学博士学位；

1963 年，法学博士学位；

1968 年，瑞典伦德大学哲学博士学位；

1970 年，麦吉尔大学法学博士学位；

1973 年，鹿特丹伊拉斯莫斯大学经济学博士学位；

1978 年，密歇根大学法学博士学位；

1979 年，匹兹堡大学法学博士学位。

西蒙在加利福尼亚大学、伊利诺工业大学和卡内基—梅隆大学等多所大学任过教，除了教授计算机科学、心理学等老本行外，还教授过宪法学、城市规划、地缘政治学、合同法、统计学、劳动经济学、运筹学、美国史等众多课程，堪称无所不能的全才。

三、拿奖拿到手软的获奖专业户

在卡内基—梅隆大学研究计算机科学期间，西蒙曾思考人类的逻辑可否套用在计算机上，为此他开发出一个叫做"逻辑理论家"的程序，这个程序能够模拟人类解决问题的思考过程，号称世界上最早的人工智能程序，此后，他又开发了 IPL 语言，号称人类历史上第一个人工智能程序设计语言。他还提出了"物理—符号系统假说"（PSSH），用于模拟人类大脑的各种思考过程。

在心理学方面，他获得了美国心理学会杰出科学贡献奖、美国心理学基金会心理科学终身成就奖、美国心理学会终身贡献奖，这些几乎涵括了美国心理学领域的最高奖项。在计算科学方面，他获得了图灵奖、国际人工智能协会杰出研究奖、美国国家科学金奖、国际人工智能学会终生荣誉奖、冯·诺依曼奖，可谓桂冠摘遍。

光有这些还不满足，他突然发现还有一个更大的叫做诺贝尔奖的没有拿过。即便诺贝尔奖没有在心理学、管理学、计算科学领域设奖，对他来说也不在话下，机智的西蒙把管理学、社会学、心理学、信息学融合到一起，自创一个门派——决策理论派，并一举获得了 1978 年诺贝尔经济学奖。

四、中国人民的亲密朋友

学界对西蒙有着"业余外交家"之称，而这位业余外交家的主要对象，就是中国。1972 年中美建交，作为知名科学家的西蒙加入了访华学者团。第一次中国之行给西蒙留下了深刻印象，他一下子被这里浓浓的东方文化吸引了，还开始学习汉语和书法，从此一发不可收拾。他先后来中国访问交流达 10 次之多。除了他的祖国美国以外，西蒙在中国待的时间是最长的。

1985 年，他被聘为中国科学院心理研究所名誉研究员。此外，他还是北京大学、天津大学、中国科学院管理学院等单位的名誉教授。1995 年，西蒙当选中国科学院外籍院士。

2001 年 2 月，西蒙病逝，享年 85 岁。

——这样的男人，谁不希望成为自身的真实写照。

 第二节　快捷为王——人工智能时代的生存法则

大约在 2016 年秋天的某个早晨，我和往常一样送儿子上学，突然，儿子指着路口几辆红黑相间、貌似高大上的自行车对我说："爸爸，看！那是什么自行车？"我也是第一次见到长这个模样的自行车，我们谁也不知道它叫什么，只能把它叫做"一种高大上的自行车"。几个月后，北京街头就布满了这种高大上的自行车，我也知道了它叫摩拜单车。后来，小黄车（ofo）、小蓝单车等各式各样的共享单车如雨后春笋般纷纷涌现。在此之前，我觉得市政单车已经非常方便了，用公交卡交上押金、充上值就可以使用了，但当有了共享单车后，我还是和大多数人一样，义无反顾地投奔了共享单车这一方。如果要问为什么，我相信大家都会异口同声地回答：方便。

在达特茅斯"夏季人工智能研讨会"上，当时最具影响力的莫过于香农，他在信息论方面的建树也远高于人工智能，并被后人尊称为"信息论之父"。按照信息论的观点，信息传输离不开信源、信道和信宿，过程不外乎输入、转换、输出。正可谓大道至简，看似简单的道理在各个领域依然适用，人工智能也不例外。我们纠结于多么高深晦涩的算法，但我们不得不面对接入缓慢的困境，而这恰恰成了制约所有后续流程发展的瓶颈。

共享单车取代市政单车的启示，最关键的就是快速便捷。只需一部手机，下载 APP 就可以操作，省去了到网点办卡交押金的麻烦。受地域限制小，就近取车存车，这些都体现了随时随地快速接入的优势。近日，微信和支付宝都高调宣布进军高速公路收费领域。其实，它们和 ETC 之间只差一个 ETC 服务器，这个服务器在大部分银行网点花十分钟就可以办好，后续操作也可以在手机上办理，其余服务基本一样，无需停车，无感处理，自动划款，还有很多优惠。可见，竞争就在"快"一点点上，快一步横扫天下。

一、快鱼定律——从符号式接入向感应式接入转变

现在的中年大叔大妈，当年最早上网，应该都用过电话拨号上网，不仅要有电脑、电话，还要有一个调制解调器（Modem，俗称"猫"的东东），拨了电话后就是滴滴嘟嘟吱吱的一阵响，红色绿色各种闪，好不容易登上去，速度那叫一个慢，下载速度都以 K 计算，还会时不时掉线。现在连接网络变成一件非常轻松的事情，速度也早已今非昔比。

拨号上网装备一览

那时候上网需要用笨重的电脑，后来有了笔记本，现在手机上网方便快捷，随时随地移动互联。

浏览网页，最早我们需要输入 IP 地址，好比某个地方的地理位置需要用经纬度来衡量一样；后来可以输入网址，就好比区域街道门牌号；再后来可以用名称搜索，好比知道单位名称去查找一样；现在可以扫码，好比直接给出定位，你不必知道它的详细地址，导航自然带你到达。伟大的二维码技术，让我们进入了一键接入的傻瓜式登录时代，专业表述是感应式接入。

所谓感应式接入，是指系统根据物体的特征自动识别接入的方式，可以减少操作程序。在这样的系统里，二维码技术、射频识别器、红外扫描设备、嵌入式生物芯片等技术广泛使用，每个人、每个物体都是一个传感器。可以说，人工智能时代，你和我，他和她，都不可避免地成为万物互联中的一个节点。

感应式接入与以往的符号式接入相比有明显的优势。除了快捷高效之外，还可以减少对一系列符号信息的记忆，能够减少差错，更好地防止伪造篡改等。

在互联网兴起的初期，我们经常会讲一个观点，未来的社会不是大鱼吃小鱼的社会，而是快鱼吃慢鱼的社会。人工智能时代也将是快鱼吃慢鱼的时代。人工智能时代，我们需要更快，网络更快，接入更快。

二、懒人定律——从程序性识别向生物性识别转变

几年前，江湖上还没有出现微信支付和支付宝，网络支付还是有的，只是程序、步骤比较繁琐，我们要用各种奇招怪式来证明"我就是我"，为了这一点，大家也真是拼了。加密手段有用 U-key 的，有用密码卡片的，有用动态密码的；为了认证，有的要找出图中几个锅，有找出图中斜体、红色字体数字或文字的，有询问小学老师叫什么名字对暗号的；还要输入一大串登录密码、查询密码、取款密码，密码还要求不能低于 6 位，必须要有符号数字英文字母，字母还要区分大小写，等等。

　　从支付方式转变的发展历程看，身份认证的逐渐简化是促进其快速发展的关键，特别是第三方支付的快速发展，不得不归功于身份认证的简化。无论是微信支付还是支付宝，都没有改变支付的本质，也就是资金在不同账户之间的转移，有的人说他们改变的是支付的载体，传统的银行是靠柜台，而它们依靠互联网，但其实不然，银行也有手机银行、网上银行，但逃不了繁琐的身份认证。它们改变的是身份认证，让身份认证变得快捷。

　　二十年前出门吃饭付现金，十年前出门吃饭刷刷卡，而现在出门吃饭刷手机。你要问我十年后吃饭刷什么，我的回答是刷脸，这个时间可能还会来得更早一些。

　　身份认证要想既快捷又准确、安全，必须从程序性认证向生物性认证转变。所谓程序性认证，指的是通过符号、数字等的输入来进行认证，而生物性认证则是人体唯一的，不可模仿的，既准确安全，又快捷高效，减少繁琐的程序，不容易忘记，也很难被窃取模仿。生物认证包括人脸、瞳孔、掌纹、指纹、静脉血管，甚至人的声音、体味、步态、笔迹等。

　　当然，这当中也要求手段安全可靠，不然会出现一损皆损的局面，这些手段包括信息保护措施、信用信息体系建设（对于信用等级低的要采取更严格的限制措施）、大额资金流动监测体系（对于大额资金要重点进行监控）等。同时，还需要建立分级的安全管理体制，比如，对于超过一定额度的资金，要采取额外的保护措施等。

　　此外，生物性认证也不是完全可靠的，比如，如果用指纹认证，有可能出现复制人的指纹等情况；再如，用人脸识别必须要求人脸无干扰，否则在戴墨镜、整容、化妆等情况下可能会出现无法识别的状况；还有，血管、掌纹等会随着年龄的变化而变化等。

　　我们国家在身份认证的很多领域取得了明显的成果，并有许多成功的应用案例。比如，很多企业考勤现在使用人脸识别，一些大学也尝试刷脸入校，很多博物馆、展览馆甚至火车站也都采用了人脸识别的技术。

　　今后，随着生物识别、无感支付等技术的进一步成熟，将会有大量的无人超市、无人饭馆的出现。

以京东 X 无人超市为例，它拥有众多人工智能黑科技，轻松购物，只需的下三步：

首先，刷脸进店，进行身份识别，并且将身份信息与支付信息进行绑定。

其次，所有商品都使用了 RFID 标签，即便装在袋子里也不影响扫描感知。

最后，在结算环节，人脸识别与 RFID 射频识别技术进行双重认证，可实现无感支付。

小时候，大人经常会讲一个寓言故事，说有一家人的小孩特别懒，家里大人外出，怕小孩饿着，给小孩烙了一个大饼，足够小孩这几天吃的，知道小孩懒，还专门把大饼套在小孩脖子上。几天后回来，发现小孩还是饿死了，脖子前面张嘴够得着的部分已经吃完了，脖子后面张嘴够不着的部分却没吃。这个故事告诉我们，小孩不是饿死的，是懒死的，吃完前面都懒得伸手把后面的转过来吃。人工智能时代会有更多这样的懒孩子。我们也不能怪孩子越来越懒，而是信息、物质获取越来越方便，大家足不出户，就可以有吃有喝有玩有乐。人工智能时代将会是懒人横行的时代。

三、人本定律——从重介质向轻介质、去介质转变

最近的数据显示，我国手机用户超过 14.4 亿户，超过了我们的人口数，除去不用手机的娃娃们和少数高龄老人，其余的几乎人人都有手机，有的还有两部甚至更多手机。手机是一个伟大的创举，把很多电器设备的功能都涵括了。它在很大程度上集成并取代了电话、电脑、照相机、钟表、计算器、手电筒、收音机、录音机、计步器、放大镜等功能，试想，如果没有手机，要实现这些功能，我们是不是需要随身携带十多种装备负重前行。正因为我们把常用家庭电子设备功能都集成在一个小小的手机上，才使得我们如此地依赖它。那么问题来了，人工智能发展到高阶后，谁将会取代手机呢？这是一个大胆的设想，但也是一个不得不面对的现实问题。

从巨型设备到小型、微型设备，再到移动设备，然后是可穿戴设备、植入性元器件……这是介质萎缩，从重介质向轻介质甚至去介质化转变的必然趋势。5年前，我们出门会提醒自己别忘了手机、钱包、门卡、钥匙，要是出差的话还会提醒自己别忘了带车票、身份证、笔记本电脑。现在好了，微信、支付宝可以取代钱包的功能，生物识别技术可以取代门卡和钥匙，电子车票、电子身份证可以取代纸质车票、身份证，手机移动办公功能在很大程度上也可以取代笔记本电脑。真是手机在手，走遍天下不用愁。可以预想，再过若干年，人工智能将把手机取代，出门你只需记得把自己带上就好了。

近期看到了一些非常有趣的观点，似乎很多领域都意识到了，经济、科技、社会的发展归根结底都是人本思想的一种体现，社会发展的根本出发点和落脚点还是要实现人的全面发展，更好地满足人们对美好生活的追求。人工智能领域也不例外。我们发展人工智能，不是要让机器取代人类、培养自己的掘墓人，而是要实现人的更好发展。在人工智能初期，我们是高度机器依赖型的，慢慢地我们要摆脱对机器的依赖。如果把人工智能比喻成人类利剑，我们需要不断提升用剑的境界。电影《英雄》里面讲到用剑有三种境界，第一种境界是手中有剑，心中亦有剑；第二种是手中无剑，心中有剑；第三种是手中无剑，心中亦无剑。对应人工智能的发展来说，我觉得我们还处于第一种境界，而我们要追求的终极目标是第三种境界。

我们现在的人工智能还高度依赖于机器设备，使用者还必须熟悉各种操作流程和技能手段，这就是手中心中都有剑的体现。拿最简单的智能手机来说吧，虽然我们的手机都宣称智能化程度如何如何地高，但操作起来依然不够人性化。可以大胆设想，十年后的手机会是什么样的？可能集成了更多的功能，同时智能化程度非常高，就像一个移动小秘书一样，它的体积可能非常小，有可能就像一个戒指一样戴在手上，有可能嵌入人体某个部位。从某种意义上讲，这就是一个移动智能接入终端，它已经超越了传统手机的概念，我们甚至可以说手机已经消失了。

目前需要大型专属设备、专门网络等都不利于人工智能的普及，在有些领域我们已经探索通过眼镜、手环等轻介质连接，今后还会逐步去介质化。人与其他智能终端之间可能只需要语音，甚至眼神、脑电波就可以轻松进行交流。若干年后，人工智能的接入场景可能真的就像现在科幻电影一样。我们只需面对一个玻璃一样的显示屏，说出我们的需求，系统就可以帮我们找到正确的答案；大门可以识别我们的身份，自动打开；家里的设备可以探测到我们的身体状况而主动地变化；我们可以很轻松地和周围的物体进行交互对话。

人工智能时代，人间已然无剑，天地万物，均为其剑，飞花摘叶，均可伤人。我们翘首期盼这一天的早日到来。

四、三步理论——从多点登录向单点登录转变

哈佛大学的社会学教授尼古拉斯·克里斯塔基斯通过研究，在六度分割理论的基础上，在其专著《大连接》一书中提出了社交领域的三度影响理论，大概意思是说，通过三个（含）之内的连接是强连接，三个以外是弱连接。比如，我和朋友（一度）的朋友（两度）介绍的朋友（三度），大家都是关系较近的好朋友，再远的朋友就难说了。在日常工作生活中，我们借用类似的概念，也可以提出一个三步理论，也就是说凡是高效而有吸引力的操作通常不会超过三个步骤。我们可以一而再地干一件事情，甚至可以再而三地干一件事情，但却不能忍受三番五次，甚至没完没了的烦扰，这就是三步理论。在智能时代，我们需要快速接入，所有的认证步骤最好不要超过三步，当然，要划款 2000 万元等场景可以除外。

要做到三步以内快速认证，有一个关键要点是要争取做到单点登录，一次性认证。好比进一个院子，需要检查一次证件、输一次密码，进每一间屋子还需要检查一次证件、输一次密码，开每一个柜子又要检查一次证件、输一次密码，这样的操作是非常繁琐而不受人欢迎的。人工智能的快速发展要求只需要进行入门的一次性身份认证，而且步骤不能太多，最好不要超过三步。当然，凡事没有绝对的，对于一些

安全等级高的事项，多一些认证环节也是非常有必要的。

曾经有笑话说把大象装进冰箱需要几个步骤，回答是三个步骤，第一步，打开冰箱门；第二步，把大象放进去；第三步，关上冰箱门。信息时代，就是这么简单。微信和支付宝付款为什么比手机银行支付更受人欢迎，就是因为它们只需三步。第一步，打开微信或者支付宝扫一扫；第二步输入金额；第三步，输入密码或指纹识别。手机购物为什么方便，因为它只需三步。第一步，打开 APP；第二步，找到心仪的商品；第三步，结账。共享单车为什么这么招人喜欢，因为它只需要两步。第一步，打开 APP 扫一扫；第二步，输入密码开锁走起。

智能时代，快捷为王。

有趣的生物识别技术

生物识别对于我们来说是既熟悉又陌生的事物，它有着悠久的历史并且随着科技进步不断革新发展。从早先的听声辨人、笔迹辨别方法，到现在广泛应用的人脸识别、指纹识别，都是生物识别的范畴。随着科技的进步，越来越多的生物识别黑科技不断涌现，当然这些技术还在不断的探索完善中。下面就带您了解几项很有意思但还不太常用的生物识别黑科技。

一、虹膜、角膜识别技术

目前我们已经非常熟悉刷脸技术（面部识别）了，但当你看到一个人站在机器前进行头部扫描时，他不一定在刷脸，还有可能是在刷眼，这就是虹膜或者角膜识别技术，这也是科幻片里最常见的场景。由于虹膜、角膜是每个人特有的，具有不可复制的唯一性，所以识别准确率非常高。但它扫描时对被扫描者的动作和配合度要求很高，并且对眼睛患病的人并不适用，所以目前尚未普及。

二、手掌几何学识别技术

当你看到一个人把手放在机器上进行身份认证的话，你也不要轻易以为这是在做指纹识别，这还有可能是在进行手掌几何学识别，也就是手型识别和掌纹识别。手掌几何学识别是通过测量人的手掌和手指的物理特征来进行识别的，它不仅性能好，而且使用比较方便，通常被作为双因素或多因素认证时的辅助认证手段，比如，在输入密码的基础上，还需要校验使用者的掌纹。

三、静脉识别技术

同样是扫描人的手部，还有一种方式叫做静脉识别，通常是通过静脉识别仪取得个人手部静脉分布图，进行存储比对，从而对个人进行身份鉴定。它的准确度很高，能够和虹膜、角膜识别技术媲美，同时还具有使用简便快捷、识别高度准确等优点。但静脉可能随着年龄和生理的变化而发生变化，同时设备成本高、体积大，所以目前尚未广泛应用。

四、步态识别技术

对于我们熟悉的人，哪怕是远远地走过来，我们一眼也能分辨出来，这就是一种步态识别技术。现在，科学家把这种步态识别技术进一步技术化了。它使用摄像头采集人体行走过程的图像序列，进行处理后与存储的数据进行比对，从而识别人的身份。它具有很多其他生物识别技术所没有的独特优点，特别适合于远距离、大范围、批量化、非接触性的生物识别。但它也有其天然的不足，比如拍摄角度不同，被识别人的穿着不同，携带物品不同，得到的结果可能都不同。另外，也容易受被识别人的伪装所干扰，等等。

五、声纹识别

当我们接电话时，经常会说，我听出你的声音了，你是谁谁谁。这种听声辨人的方式实际上就是一种声纹识别技术。它非常适合远程身份确认，只需要一个电话就可以通过网络实现远程识别，成本低廉、获取便捷。但它的适用条件也很严格，对环境的要求非常高，比如在嘈杂的环境、混合说话下声纹不易获取；另外，人的声音也会随着年龄、健康状况、情绪等的影响而变化。所以，声纹识别的精确度、可靠性并不高。

除此之外，还有很多非常奇妙的生物识别技术，比如，人的头骨、鼻子、耳朵、臀部等身体部位以及体味等都不一样，于是就有科学家从这些角度开展研究，甚至还有人研究出根据敲击键盘的力度、节奏等进行身份识别。

真是世界之大，无奇不有。

 ## 第三节　用好大数据，为人工智能注入源头活水

> 半亩方塘一鉴开，天光云影共徘徊。
>
> 问渠那得清如许？为有源头活水来。
>
> ——朱熹《观书有感》

一、大数据有大魔力，大数据为人工智能注入源源不断的燃料

这是网上流传的关于大数据的一个经典段子：

某披萨店的电话铃响了，客服人员拿起电话。

客服：您好，请问有什么需要我为您服务？

顾客：你好，我想要一份……

客服：先生，烦请先把您的会员卡号告诉我。

顾客：16846146***。

客服：陈先生，您好！您是住在 ×× 路 ×× 号 ×× 楼 ×××× 室，您家电话是 2646****，您公司电话是 4666****，您的手机号是 1391234****。请问您想用哪一个电话付费？

顾客：你为什么知道我所有的电话号码？

客服：陈先生，因为我们联机到 CRM 系统。

顾客：我想要一个海鲜披萨……

客服：陈先生，海鲜披萨不适合您。

顾客：为什么？

客服：根据您的医疗记录，您的血压和胆固醇都偏高。

顾客：那你们有什么可以推荐的？

客服：您可以试试我们的低脂健康披萨。

顾客：你怎么知道我会喜欢吃这种的？

客服：您上星期一在图书馆借了一本《低脂健康食谱》。

顾客：好。那我要一个家庭特大号披萨，要付多少钱？

客服：99 元，这个足够您一家六口吃了。但您母亲应该少吃，她上个月刚刚做了心脏搭桥手术，还处在恢复期。

顾客：那可以刷卡吗？

客服：陈先生，对不起。请您付现款，因为您的信用卡已经刷爆了，您现在还欠银行 4807 元，而且还不包括房贷利息。

顾客：那我先去附近的提款机提款。

客服：陈先生，根据您的记录，您已经超过今日提款限额。

顾客：算了，你们直接把披萨送我家吧，家里有现金。你们多久会送到？

客服：大约 30 分钟。如果您不想等，可以自己骑车来。

客服：根据我们 CRM 全球定位系统的车辆行驶自动跟踪系统记录，您登记有一辆车号为 ×××××× 的摩托车，而目前您正在 ×× 路东口骑着这辆摩托车。

顾客：当即晕倒……

人工智能的智能之处体现在它能够根据不同的场景对象做出不同的反应，这就是程序性思维向大数据积累、机器深度学习、场景行为模式的构建。比如，在智能输入法中，会根据上下文的场景而选择适当的词汇组合。当你输入"老人血压非常高，需要赶紧服用降压片"的拼音，系统会根据情景认为是"降压片"，而不是"酱鸭片"。系统还会根据输入者的不同输入习惯而进行知识学习和积累，比如，张三打字时 n 和 l 不分，当他几次这样输入后，再输入 liulai，系统会优先出现"牛奶"；如果他 r 和 n 不分，当他多次这样输入后，再输入 noubao 的时候系统会优先出现"肉包"。这背后的魔力何在呢？一言以概之，就是大数据搜集、分析和应用。

　　大数据虽然是近年来才提出来的一个概念，但却得到了广泛重视和应用。我认为，大数据的发展至少经历了四次跃升：第一次跃升是从数据分散向集中转变，好比各个商店原来在自己的门口张贴促销海报，后来集中在一个布告栏里张贴各个商店的海报，与此相对应的是第一代互联网，标志性事件是综合门户网站和行业门户网站的兴起。第二次跃升是数据从寻找向搜索转变，好比原来是在图书馆里满处找书变成先从书目中检索然后再直接获取，与此相对应的是第二代互联网，标志性事件是搜索引擎的兴起。第三次跃升是从被动阅读向主动推送转变，好比原来是顾客到商店索要海报，后来变成了商店主动按客户需求寄送海报，与此相对应的是第三代互联网，标志性事件是信息主动推送、客户端、APP、社交软件等的兴起。现在正在进行的第四次跃升是从无规律向有规律转变，从共性化数据向个性化数据转变，好比原来到饭馆点菜不管谁来都是同一份菜单，而现在服务员会根据你的自身情况有针对性地推荐菜品，与此相对应的是第四代互联网也就是智能互联时代的到来，标志性事件是各种各样智能工具的兴起。

二、大数据也有大陷阱，做好数据挖掘才能更好地发挥数据作用

　　有人说我们正处于一个堪比宇宙大爆炸的数据大爆炸时代，我认为这话一点都不为过。国际数据公司（IDC）2012 年的研究结果表明，人类历史上生产的所有印刷材料的数据量大约是 200PB（1TB =1024GB，1PB=1024TB），人类历史上说过的所有话的数据量大约是 5EB（1EB=1024PB）。IDC 预计，到 2020 年，人类产生的数据规模将超出预期，达到 40ZB（1ZB =1024EB）。40ZB 是个什么样的概念呢？地球

上所有海滩上的沙粒加在一起估计有七万零五亿亿颗。40ZB 相当于地球上所有海滩上的沙粒数量的 57 倍。但与此同时，该报告也显示，仅有不到 0.4% 的数据得到了分析。由此可见，大数据开发利用的潜能非常巨大。

大家从不同角度研究大数据的特点，IBM 提出了大数据的 "5V" 特点：

（1）Volume：数据量大，采集、存储和计算的量都非常大。

（2）Variety：种类和来源多样化。有各种各样结构化、半结构化和非结构化的数据，包括网络日志、音频、视频、图片、地理位置信息等。

（3）Value：数据价值密度相对较低，需要经过数据筛选、挖掘来披沙拣金式地发掘有价值的数据。

（4）Velocity：数据增长速度快，处理速度也快，对时效性要求高。

（5）Veracity：数据的准确性和可信赖度，即数据的质量是重要指标。

如何在浩如烟海的数据中找到有价值的信息，从而不被错误的信息和逻辑误导，由大数据产生 "大陷阱" "大失误"，是一个不得不引起高度重视的问题。为此，我认为必须要做到以下几点：

第一，有关联的数据才是有用的数据，要避免虚假关联陷阱。大数据因为其大，所以大家更关心数据之间的相关关系，而不是因果关系。这种观点固然有其道理，但不能泛化，不能单看数据表征就妄下结论，否则就容易得出一些风马牛不相及的相关关系。美国匹兹堡大学的 William Lassek 和加利福尼亚大学的 Steven Gaulin 研究了女性 "腰臀比" 同孩子智商之间的关系。他们研究了 1.6 万名妇女，在排除了人种、教育背景和家庭收入等因素后，得出结论："腰臀比" 低的女性，孩子在智商测试中的得分总体更高。啥叫 "腰臀比" 呀？用大白话说，就是屁股大的妇女生的孩子聪明，一言以蔽之，屁股决定脑袋。此乃对女性之大不敬。类似的例子还有，有好事者通过广泛深入的研究，最后煞有介事地得出结论：用于生产蜂蜜的蜂群数量与因吸食大麻而被逮捕的青少年数量呈负相关。这都哪跟哪啊？大数据一定是相关事物之间的数据，否则大数据会带来"大失误"。

第二，有针对性的数据才是有用的数据，要避免抽样陷阱。1936年，美国进行总统选举，竞选双方是民主党的罗斯福和共和党的兰登。美国权威杂志《文学摘要》为了预测总统候选人谁能当选，进行了大规模的民意调查，他们按照电话簿和车辆登记簿上的名单和地址发出1000万封信，收到回信200万封，有这样多的调查样本作支撑，他们满怀信心地对外宣称，兰登将以57%比43%获胜。但最后的选举结果却是罗斯福以62%比38%的巨大优势获胜。这个调查使《文学摘要》杂志社威信扫地，不久后便关门停刊。后来人们发现，《文学摘要》杂志社预测大失水准的主要原因在于选样存在以偏概全的大问题。在1936年，能够拥有电话和汽车的家庭属于富有阶层，而这类人在全国并不是占主流的，所以，尽管抽样数据非常大，但偏离主流的大数据导致其在错误的道路上越走越远。这样的情形，在大数据泛滥的今天同样存在。

第三，持续性、趋势性的数据才是有用的数据，要避免偶发事件陷阱。只有稳定的、持续一定时间的数据才能够反映背后的真实规律和趋势。我们不能因为一时一事的发生就急切地得出结论。以上网为例，面对满屏的文字、图片、广告，人难免有出现眼睛恍惚手哆嗦的时候，一不小心点串了行，点到了一个本来不是你想要看的页面，系统就自动把这个动作作为你的上网偏好了，以后系统就默认地把相关内容顶在最显眼的位置。这样就有了小学生浏览网页的页面上布满了老年养生产品广告，大老爷们儿浏览网页的页面上有好多花花绿绿的女式化妆品的广告。再比如，本来想给孩子买个好看的记事本，上网搜索"笔记本"，连续翻了几十页，显示几百条信息，都是各种品牌、各种型号的笔记本电脑的信息。接下来就热闹了，系统默认你就是批发笔记本电脑的了，以后再上网，到处都是笔记本电脑的信息和广告。

三、大数据也有大烦恼，要努力消减大数据可能带来的负面影响

大数据时代，是一个非常矛盾和纠结的时代。一方面，大数据带来了海量数据冗余和有效数据匮乏的问题，数据耕农产生的大量集合数据被少数数据寡头垄断，形成了天然的数据鸿沟。另一方面，大数据形成了数据堰塞湖，一旦溃堤，亿万人的数据顷刻间一泻千里，面对"数据后门"，每个人都后脊梁发凉，在大数据面前，我们其实都是在裸奔。

1. 打破数据寡头，跨越数据鸿沟

大数据时代，一半是海水，一半是火焰。我们一方面面临着数据大爆发、大膨胀；另一方面也面临着数据匮乏或者获取困难的局面，数据越来越向一些专业的机构集中，形成了拥有大量数据的寡头，这样在数据拥有者和生产者之间形成巨大的数据鸿沟。要打破这一点，我觉得应该从以下几个方面发力。

一是国家应该在大数据掌握方面占主导。2012 年 3 月，美国奥巴马政府率先启动了"大数据研究与发展计划"，从国家战略高度推动大数据发展，大力推进大数据收集、访问和开发利用等相关技术的发展。英国也不甘示弱，将大数据作为战略性技术给予高度关注，并在 2012 年 5 月建立了世界首个非营利的"开放数据研究所"（The Open Data Institute，ODI），通过利用和挖掘公开数据的商业潜力，为国家可持续发展政策提供支持。2012 年 10 月，澳大利亚政府发布了《澳大利亚公共服务信息与通信技术战略 2012—2015》，计划制定一份大数据战略，2013 年 8 月发布了《公共服务大数据战略》，旨在推动公共行业利用大数据分析进行服务改革并保护公民隐私。

二是公共数据应当实现开放共享。不涉及个人隐私的、公共服务性的数据以及综合性、全貌性、统计性的数据应该是向机构和公众开放的，目的是促进数据的共享和开发利用。美国是政府数据开放与共享的领头者，在 2009 年推出了 data.gov 网站，向公众开放联邦政府有关数据。2011 年 9 月，巴西、印度尼西亚、墨西哥、挪威、菲律宾、南非、英国、美国八个国家联合签署了《开放数据声明》，目前全球已有 60 多个国家加入。英国建立了 data.gov.uk 网站，澳大利亚建立了 data.gov.au 网站，这些都主要是向公众开放政府可以公开的各类数据。对于涉及个人隐私的数据，公民个人应当具有充分的主张权，一方面，要有权利查询自身各项明细数据（微信账单、支付宝账单等）；另一方面，还有保护自身数据不被非法滥用的权利，相关机构如果要使用公民的个人数据必须得到相应的授权。

2.打破棱镜门，为数据加把锁

据说冯小刚导演的《手机2》已经杀青了。抛开纷纷扰扰的口水仗，似乎勾起了对15年前《手机》里面一些经典对白的回忆。张国立扮演的费老（费墨）对葛优扮演的严守一感慨万千地说道："还是农业社会好呀！那个时候交通通讯都不发达。上京赶考，几年不回，回来的时候，你说什么都是成立的！（掏出自己的手机）现在……近，太近，近得人喘不过气来！"一席话道出了信息时代大家共同的烦恼，就是个人隐私保护的问题。

我们经常会接到一些骚扰电话。我们自身可能处于信息孤岛，但别人却了如指掌。比如，家人怀孕了，本来是件喜事，但很多时候却不堪其扰。到了需要查染色体的阶段就有人向你推销DNA检测，到了要胎教的时候就有人向你推销胎教产品，到了宝宝快出生的时候有人向你介绍干细胞存储技术。孩子刚出生他们就来向你道贺，然后推销月子中心、月嫂服务，孩子刚满月马上又有人来关心，要不要照满月照，刚满百天又推销百天照。啥时候该添辅食，啥时候过生日，啥时候可以早教了，啥时候该学英语了都有人替你惦记着。有的时候，我们都忘了自己或孩子的生日，人家反倒比你记得清楚，八方来客都频频通过各种渠道向你祝贺。还有就是汽车保险的案例，在你的车险快到期的三个月内，几乎每天都会收到多家保险公司或者代理公司的电话，一旦你哪天投了保，投保推销电话戛然而止。

2013年，斯诺登曝光了美国国家安全局（NSA）和联邦调查局（FBI）在2007年就开始启动的一个代号为棱镜的秘密监控计划（PRISM），该计划直接进入美国国际网络公司的中心服务器中挖掘数据、收集情报，包括微软、雅虎、谷歌、苹果等在内的9家国际网络巨头都参与其中。这些被监控的信息包括电子邮件、即时消息、视频、照片、存储数据、语音聊天、文件传输、视频会议、社交网络资料等。通过棱镜计划，甚至可以实时监控一个人正在进行的网络搜索内容。在网络中，我们的一举一动实际上都可以被监控，只是人家稀不稀罕去看而已。

最近一次震惊全球的数据泄露事件是 Facebook 数据泄露。2018 年 3 月中旬，媒体称一家服务于特朗普竞选团队的数据分析公司 Cambridge Analytica 获得了 Facebook5000 万用户的数据，并进行违规滥用。随后，Facebook 的首席技术官发表博客文章称，Facebook 上约有 8700 万用户受此影响，但 Cambridge Analytica 公司只承认受影响用户不超过 3000 万。到底有多少用户数据被泄露，可能永远是个谜，但这个可能就是永远悬在每一个人头上的达摩克利斯之剑。有人说被泄密的用户数量可能达到 20 亿，有人说即便不是 Facebook 的注册用户，相关信息也有可能被泄露。你和我，谁敢保证自己不是其中一个呢？虽然 Facebook 受到了巨额的罚款，虽然扎克伯格进行了诚恳的道歉并表示认真整改，但这些能弥补亿万人所受到的个人数据泄露的伤害吗？

一网打尽　联结天下
——从大数据角度解读"网联"的故事

2017 年 8 月，一个简称"网联"，全称"网联清算有限公司"的机构横空出世。

一、被逼出来的大招

在网购早期，在线支付基本上就是网银支付。随着在线支付业务的急剧膨胀，高速快捷的支付要求催生了支付宝，随后，微信支付等第三方支付公司如雨后春笋般涌现。在第三方支付体系里，中国人民银行（央行）无法获得真实的支付数据，无法掌握资金流向，从而无法进行有效的金融监管，无法正常开展反洗钱监测以及进行宏观经济调控，这对国家经济产生了巨大的风险隐患。在这种情况下，由央行主导成立非银行支付网络清算平台来解决第三方支付监管真空的问题迫在眉睫，特别是在近年来大张旗鼓开展互联网金融行业专项整治的背景下，"网联"公司破茧而出。

二、口含金钥匙的时代宠儿

按照官方的说法，网联清算有限公司（NetsUnion Clearing Corporation， NUCC）是经中国人民银行批准成立的非银行支付机构网络支付清算平台的运营机构。在中国人民银行的指导下，由中国支付清算协会按照市场化方式组织非银行支付机构以"共建、共有、共享"原则共同参股出资，于2017年8月在北京注册成立，为公司制企业法人。

换句话说，网联，主要是为第三方支付机构提供一个统一的独立清算平台。之前的第三方支付机构（微信、支付宝等）是直接对接各大银行的，而现在只需要对接网联，再由网联作为中间平台与银行对接。

网联注册资本20亿元，支付宝和腾讯各占10%的股份，央行系占30%。股东总数44家，其中38家是第三方支付机构，可以说网罗了第三方支付领域的重量级机构。

网联被定位为国家级重要金融基础设施，由非银行支付机构相关专家共同参与设计，采用先进的分布式云架构体系，在北京、上海、深圳三地建设六个数据中心。对大型支付机构来说，必须采用6线接入网联三地六个数据中心，对中型支付机构来说，至少采用4线接入网联三地四个数据中心，对小型支付机构来说，至少采用2线接入网联异地两个数据中心。

三、手持尚方宝剑的支付大数据保护神

2017年8月4日，中国人民银行支付结算司向有关金融机构下发了《中国人民银行支付结算司关于将非银行支付机构网络支付业务由直连模式迁移至网联平台处理的通知》。该通知要求，自2018年6月

30 日起，支付机构受理的涉及银行账户的网络支付业务全部通过网联平台处理。同时，要求各银行和支付机构应于 2018 年 10 月 15 日前完成接入网联平台和业务迁移相关准备工作。

网联的核心要义，就是为第三方支付机构提供统一的支付清算支持，实现第三方支付机构和商业银行之间的一点接入。通过这种方式，网联可以获得所有的第三方支付数据。有了这些数据后，网联就可以执行对第三方支付机构的监督。没有网联之前，大量用户产生的海量数据集中在少数的第三方支付机构，这些数据巨头对数据垄断形成了数据鸿沟，极不利于国家金融监管和宏观经济调控，甚至会危害到国家和社会安全。网联的建立，打破了支付数据垄断，使政府有了更多的管理经济社会的大数据基础。

第四节　人机协同——人工智能发展的融合之道

人工智能朝哪走，是机器人还是人机器，这是个问题，但不是答案，人机协同才是人工智能发展的融合之道。

一、行不通的鸟飞派

人工智能从一开始的演化路径就是让机器试图模拟人的思维能力，从而能够做出和人相同的反应。人工智能发展过程被深深地打上了人类意志的烙印。比如，机器人，英文 Robot，本来是一个和人没有半毛钱关系的单词，被生生命名成了人。其实如果能翻译成智能机器、机器助手等似乎会更贴切一些。同样，我们心目中的机器人都是长得跟我们很类似的，有脑袋、胳膊、腿，还有眼睛、嘴巴。其实，这只是人形智能机器。Robot 可以像一个杯子，也可以像一个胶囊，甚至谁都不像。正是基于这样的思维范式，我们在研究人工智能的时候，通常会生搬硬套，象形式地模仿人脑智慧。

最早我们看到鸟儿浑身长满羽毛、挥动双翅能够遨游天空，我们也希望通过给自己粘上羽毛、绑上翅膀，然后就可以像鸟儿一样飞翔。后来，我们通过研究空气动力学，通过用速度获取爬升力等方式实现了飞翔，当然，莱特兄弟发明飞机的时候，还没有这么高的理论认识。

现阶段我们对人工智能的研究很多时候还停留在表面上，因为我们还没有真正弄明白大脑的工作原理。我们只看到聪明的一休哥碰到什么问题都用手指在头上转一转答案就立马显现，于是乎，也生搬硬套地把手放到头上转一转希望答案就能够浮现眼前。我们只得其表，未得其实，关键还是要知道思考的过程。这也许就是人工智能研究中结构主义和功能主义两个流派分歧的通俗表现。人工智能要达到人的智能，不能只是把形状做得跟人一样，而是要从运行机制、功能分析入手找到思维的真正机理，只有这样才能从根本上找到解决问题的路径。

众所周知，科学界目前还有三大未解之谜，一是宇宙的起源，二是人类的起源，三是智慧的起源。我们现在知道，人脑是由上千亿个神经元组成的，不同神经元之间由上千个突触连接，不同区域大脑功能各有侧重，大脑沟壑越深的人越聪明。实际上，人脑真正得到开发的还不到百分之十，人类对大脑的运行机理，以及对自己的思维潜能和意识还有很多无法解释的地方。那些希望通过简单模拟来实现达到或超过人类智慧的想法基本是不现实的，这无异于给自己粘上羽毛而妄图要展翅高飞。

二、惊世骇俗的智能增强派

托尼·史塔克出生在纽约一个富豪家庭，17岁毕业于麻省理工大学电力工程系，并以傲人的成绩成功地找到了自己的社会定位——其家族企业史塔克军火公司的老板。当托尼带领一班手下和军方观察员在荒无人烟的地界试验自己最新研制的军火时，不料遭遇一伙极其凶悍的恐怖分子的袭击。最终，混乱中被炮弹碎片击中心脏的托尼醒后发现胸口多了个奇怪的装置，正是这个仪器维系着自己的生命。原来是同为人质的英森博士用一块汽车电磁铁吸住了他体内的弹片。于是，他在英森的帮助下利用恐怖分子为其提供的粗糙设备和原材料，在暗无天日的地下基地里为自己造出了钢铁盔甲，具备很强的战斗能力。后来，他改进了钢铁盔甲，制造了另一块聚变能源，成为真正的钢铁侠（Iron Man）。

钢铁侠盔甲

这是科幻电影《钢铁侠》的背景，类似的影片还有《机械战警》《绿巨人》《复仇者联盟》等，而且这些影片通常都是一部接一部地不断拍下去。几十年来，反映了人们对拥有超能力的无限追求和向往。人类到底能不能具有超越肉体的超能力呢？这代表了人工智能研究的另外一个门派——智能增强派。智能增强（Intelligence Augmentation，IA），和人工智能（Artificial Intelligence，AI）一样，也是一个比较宽泛的概念，用通俗的语言来表示，可以说是用智能技术来增强人类的智慧和能力。以钢铁侠为例，在现实生活中，科学家们经过研究，已经在一些领域初步实现了通过智能化可穿戴机器设备来增强人的能力的目标，专业的名字叫做机器外骨骼。这类智能增强设备目前运用比较多的主要集中在三个领域。

第一个领域是针对残障人士的康复设备，它不仅有很强的支撑和保护作用，可以为残障人士的行动提供方便，同时还具备辅助治疗和一系列智能感知和智能操作的功能。

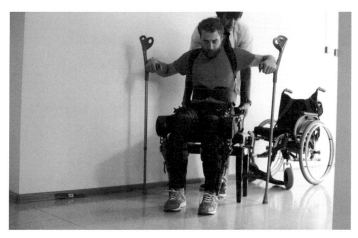

一种与身体高度拟合的康复外骨骼

机器外骨骼的第二个应用领域是军事领域。美国在这方面投入了大量的研究力量。军用机械外骨骼除了能够增强人体能力（负重、抗压等）这一基本功能外，还具有良好的防护性、对复杂环境的适应性以及辅助通信、侦察支持等智能化的功能。

机械外骨骼运用的第三个领域是那些高强度、重复性体力劳动的生产制造行业。工人穿戴上机械外骨骼可以减少劳动强度和重复劳动所产生的疲劳感，还可以提高工作的精确度和智能化水平等，是现代工人的得益助手。

据报道，美国福特汽车在生产车间里使用了由美国埃克索仿生公司（Ekso Bionics）开发的辅助性手臂承托工具。当工人举高手臂时，机器臂可以提供 2.2~6.8 公斤的承托支持。据称，福特汽车装配线上的工人们每天要做 4600 次举高手臂的动作，每年多达百万次。这种辅助工具不但能减轻工人的疲劳，提高生产效率，还能大幅度降低工厂事故发生率。

这样的例子还有很多。总的来看，智能增强不是要把机器变得像人一样聪明，而是希望能够把人的某些能力增强得像机器一样强大，他们追求的不是机器人，而是人机器。智能增强派认识到了机器和人是互补的，而不是互相替代或者竞争的关系，这是很大的进步。

三、人机协同——寻找人工智能发展的协同之道

机器有其天生的优势，这是人类所不能媲美的。比如，机器的不知疲倦，只要有持续的动力就可以长期工作，机器没有情绪波动，工作非常稳定，机器在大量级、程序性运算中的容量和速度惊人，等等。人类的特长是善于场景分析、逻辑思维、发散思维、想象力和创造力等，意识和情感丰富，而这些是机器很难做到的。

举例来说，普通人类很难口算出三位数的乘法，但机器却很容易做到几十位甚至更多位的乘法。但在场景分析方面人类又明显高出机器一筹。比如，单价乘以数量等于总价的公式，变换不同场景可以变换出成千上万种题目，机器是很难清晰分辨的。也就是说，机器的计算能力很强，但解题能力不足。这时候，可以考虑把人的场景分析能力和机器的计算能力有机地结合起来。这样，人与机器实现了有机的协同和融合。

当实现了人与机器轻松自如的交流协作之后，我们可以轻松地运用语言（声控）、肢体（触控）、眼睛（眼控）、大脑（脑控）等来操控机器，甚至可以通过植入芯片来实现与周围环境的交互，实现人与周围万物真正融为一体。

世界很奇妙，有的时候非此非彼，有的时候亦此亦彼。人工智能也是这样的。当我们妄图把机器单纯变成人的时候发现走不通，当我们希望把人变得跟机器一样强大的时候发现也不现实，这时候人机协同为我们提供了解决问题的第三条道路。若干年后，也许就像凯文·凯利在《失控——全人类的共同命运和结局》里面所描述的那样，生物逐渐机器化，机器逐渐生物化，两者正在逐渐融合。所以，所谓人工智能不外乎是把人的优势和机器的优势有机地结合起来，从而实现人机交融，达到效能最大化的目的。包括杰瑞·卡普兰（美国斯坦福大学人工智能和伦理学教授，《人工智能时代》作者）、尤瓦尔·赫拉

利（以色列未来学家、人工智能专家，《人类简史》《未来简史》作者）等在内的人工智能专家都反复提到人机协同的理念。

从历史发展的角度来看，理论上的突破通常会带来技术上的变革，从而推动人类的发展进步。牛顿经典物理带来了飞机、人造卫星，相对论带来了原子弹、氢弹，量子论带来了激光、纳米、量子计算等。人工智能在技术发展的同时还需要理论上的突破。符号主义带来了人工智能研究的第一波高潮，神经网络带来了第二波高潮，深度学习理论带来了第三波高潮，下一波会是什么呢？会不会是人机协同呢？让未来告诉我们答案吧！

人机交互技术万花筒

在高度智能化的时代。清早，从睡梦中醒来，开启了一天愉快的生活。你用余光扫了一眼窗户，窗帘徐徐打开，外面天空晴朗，小鸟在叽叽喳喳地歌唱。来到餐桌旁，家庭智能管家"爱家"温柔地问道："主人，今天是吃肉松面包还是椰蓉面包？"你只是微微一笑，"爱家"马上心领神会……

智能时代，人与机器交互的手段很多，一句话、一个动作，甚至一个眼神都可以实现人与机器的有效交流。科学家们在眼控、脑控、芯片植入等方面有了大胆的探索。

一、你的眉目之间，锁着我的爱恋——初试身手的眼控技术

都说眼睛是人类心灵的窗户。多少年来，我们一直希望透过眼睛这扇窗户去了解人内心的世界，眼控技术可以帮助我们实现这一梦想。2017 年，新华社记者在西班牙北部中世纪古城圣塞巴斯蒂安的新科技园区实地体验了 Irisbond 公司的眼控技术系统。

这个技术系统的硬件设施是一个长方形的小型设备，它可以插在

普通电脑上，经过几分钟调试就可以使用。在眼前的电脑屏幕上会出现一个键盘，使用者可以用眨眼睛或盯住不动等方式在键盘上确认字母，一般在 0.2 秒到 0.3 秒就可选定一个字母。

眼控技术——我的眼神代表我的心

目前科技界在眼球追踪等眼控技术方面有多种方案，有的是单纯拍摄和记录眼球及周边变化，有的是通过主动投射红外光束以更精确地进行分析。

二、思想有多远，我们就能走多远——探索初期的脑控技术

读脑术、读心术是我们千百年来孜孜以求的超能力。虽然现在还不能准确地指导人的复杂思维，但科学家通过监控脑电波等技术，对大脑指挥简单机械运动等方面进行了有益的探索。

虽然脑机界面（Brain-Computer Interface，BCI）技术仍然处于早期探索阶段，但此类技术正在引起越来越多的关注。虽然科学家对 BCI 的研究正在逐步加深，但最终能否实现完全不用触摸的远程操控指挥，还是一个未知数。BCI 技术只是测量脑电波的活动，也许无法真正解读或处理意念。

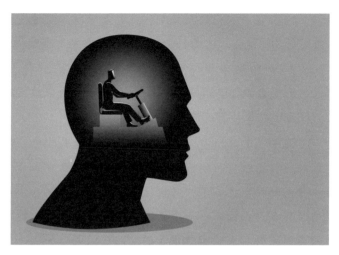

脑控驾驶——想往哪开就往哪开

三、我有一颗驿动的"芯"——大胆试水的芯片植入技术

据美国媒体报道，2017 年，位于美国威斯康星州的一家科技公司试验在员工体内植入米粒大小的微芯片。这样的微芯片可以作为快捷支付、开启门禁和登录电脑的"秘钥"。操作人员使用专门的注射器，将这种微芯片植入员工的大拇指和食指间的皮肤下面，当然，这些员工都是自愿参加试验的。以后，这些员工在进行开启门禁、在休息区购买零食等操作时只需要挥挥手就能完成。据称，相比植入时短暂的疼痛，这些员工更无法掩饰内心的兴奋。

四、脑机穿越——跨越卢比孔河

在 2014 年的巴西世界杯足球比赛开幕式上，一位 28 岁的截瘫青年身着"机械战甲"，为当年世界杯开出了第一球，也成为世界杯历史上最具科技含量的一脚。

作为一个地道的巴西人，米格尔·尼科莱利斯是一个不折不扣的巴西铁杆球迷，正是他设计了这款"机械战甲"。

尼科莱利斯另一个广为人知的身份，是世界顶级科研机构巴西埃德蒙与莉莉·萨夫拉国际纳塔尔神经科学研究所联合创始人，美国杜克大学神经工程研究中心创始人，现任杜克大学医学院神经生物学教授。他是法国科学院院士、巴西科学院院士，经常在《自然》《科学》等国际一流学术期刊上发表论文。2004 年被美国科普杂志《科学美国人》评为全球最具影响力的 20 位科学家之一。他的研究成果被《麻省理工科技评论》评为十大最具突破性的科技创新之一。

2002 年，尼科莱利斯进行了"意念控制"的动物实验。他和他的团队通过训练一只名叫贝拉的猴子，成功地将猴子脑中的意念活动通过脑机接口导入外界，控制了一只机械臂的动作。2008 年 1 月，更加惊人的成果呈现在世人面前：一个远在日本东京的机器人的行走，居然完全受到美国达勒姆实验室中猴子的"意念控制"——整个控制闭环所需要的时间，比猴子自身将大脑意念传递到自己肌肉的控制时间还要短 20 毫秒！

尽管脑机穿越的研究还停留在实验室的简单远程行动控制上，但尼科莱利斯却对其信心满满。他在《脑机穿越——脑机接口改变人类未来》一书中大胆畅想：

我相信，未来的人们将会实现的行为、将会体验到的感觉是我们今天无法想象，更无法表达的。脑机接口也许会改变我们使用工具的方法、改变我们彼此交流，以及与遥远环境或世界进行联系的方式。为了透彻地理解未来世界的样貌，你首先需要设想这样的画面。当大脑的电波活动可以通过类似今天在我们周围穿行的无线电波来完成随意漫步的运动时，我们的日常生活将发生怎样的惊人改变。我们可以想象生活在这样一个世界里：人们仅仅是想一想，就可以使用电脑、开车、与他人交流；人们不再需要笨重的键盘或液压传动的方向盘，也不必依赖身体动作或口头语言来表达一个人的意愿。

在这个以大脑为中心的世界中，这类新获得的神经生物能力将天衣无缝地、毫不费力地扩展我们的运动能力、感知能力和认知能力，使人类的思想可以有效、完美地转化成运动指令，由此既可以操作简单的小工具，也可以调控复杂的工业机器人。设想在未来，你回到海边小屋，面朝大海，坐在最喜欢的椅子上，通过网络轻松地与世界上任何地方的任何人聊天，但却不用动手打字、动口说话。你不需要使用身体任何部位的肌肉——只是通过思想。

如果这种未来还不够诱人的话，那么你觉得足不出户便能全方位地感受到触摸几百万千米以外的另一个星球表面的真实感觉是不是很棒呢？甚至更美妙的是，你能够进入祖先的记忆库，下载他的思想，通过他最私密的感情和最生动的记忆，创造一次你们原本永远都不可能经历的邂逅。对于超越身体给大脑设定的边界将为人类带来怎样的未来生活，这些仅是窥豹一斑。

在《脑机穿越——脑机接口改变人类未来》一书中，尼科莱利斯引用了一个故事来激励自己的雄心壮志：

卢比孔河是古罗马时期意大利与高卢的天然边界。公元前49年，恺撒统一整个高卢地区之后，挥师南下，来到亚平宁半岛卢比孔河的北岸。按照罗马帝国当时的法律，任何帝国指挥官都不可跨越卢比孔河进入罗马，否则将视为背叛。恺撒心意已决，决定渡河。渡河时，他说了这样一句流传千古的话："The die has been cast！"（骰子已经掷出！）从此，这位未来的恺撒大帝，迈出了征服欧洲、缔造罗马帝国的第一步。

脑机穿越，骰子已经掷出！跨越卢比孔河，意味着下一个新时代的开始！

2

第二章

人工智能：爱恨纠缠之间并没有答案

——有必要从认识论的角度正视人工智能的发展

认识论如果不同科学接触，就会成为空洞的图式。科学如果脱离认识论……就成为粗俗的、混乱的东西。

——爱因斯坦

爱恨纠缠之间并没有答案……当我说我爱你，就是我爱你，恨，不过是爱恨交织。

——歌曲《爱恨交织》

　　人工智能不是一个新鲜事物，从诞生到现在已经走过了60多年的历程，经历了从初创到发展、停滞、再爆发的曲折历程，经历了从理论萌芽到深化、调整再到应用的过程。特别是2016年之后，人工智能迎来了第三波高潮，各种言论纷至沓来，但吸引眼球的居多，有危言耸听的，有夸大其词的，有急功近利的，对人工智能真正从思辨层面进行探讨的很少。

　　我读过最早的关于人工智能的书是1982年由人民出版社出版的张守刚、刘海波合著的《人工智能的认识论问题》。这本书在书店早已绝迹，只能在图书馆里快要被人遗忘的角落里才能找到。80年代最朴实无华的书本，发黄的最简单的印刷，没有炫酷的封面，没有作者简介，以至于我在网上都查不到作者所在的单位。没有各种大咖的推荐，有的是严谨纯粹的学术语言。只有学术化的前言，没有煽情的后记，取而代之的是200多条中文、英文、日文的参考文献，还有名目索引。

在信息和传媒高度发达的今天，我们需要宣传和包装，但是，在人工智能浮华的下面，我们还是需要一些理性的思考和脚踏实地的作风。

在书的扉页上引用了爱因斯坦的一段话："认识论如果不同科学接触，就会成为空洞的图式。科学如果脱离认识论……就成为粗俗的、混乱的东西。"的确，我们需要从认识论的角度来正确分析人工智能。

 ## 第一节　换个角度看问题——一样的人工智能，不一样的解读

一、人工智能：你不得不接受的缺陷美——从无限理性到有限理性的转变

之前提到过的跨界奇才赫伯特·西蒙（Herbert Simon）在决策理论方面建树颇丰，代表理论是有限理性假说和次优决策理论。他在1947年出版的《管理行为》一书中对"完全理性的经济人"假设提出了质疑，他说："单独一个人的行为，不可能达到任何较高程度的理性。由于他所必须寻找的备选方案如此纷繁，他为评价这些方案所需的信息如此之多，因此，即使近似的客观理性，也令人难以置信。"他认为，要达到完全理性，必须符合以下三个条件：一是每一个人做决策时必须了解影响决策的每一个因素；二是每一个人做决策时必须能够完全估计到每一种可能的结果及其发生的概率；三是每一个人都有能力对每一种结果的偏好程度进行排序。事实上没有人能够完全达到以上三种

条件，因此"完全理性"的人是不存在的，人的行为动机是"愿意理性，但只能有限地做到"。他指出，由于人们通常都不可能获得与决策相关的所有信息，并且人的大脑思维能力是有限的，因此任何人在一般条件下都只能拥有"有限理性"，人们在做决策时不可能追求"最优"的结果，只能追求"满意"或"次优"的结果，这就是次优决策理论。

如果一项工作的满分是10分，我们从1提升到5很容易，再从5做到8也不难，但要到9很难，要到10也许永远不可能。回到人工智能的话题，有人把人工智能分为感知智能、运算智能和认知智能三个层面，从感知智能来看，我们现在在人脸识别、语音识别等方面已经达到了很高的水平，接下来再提高的难度很大，也不可能达到百分之百的准确，这是我们必须要接受的现实。

我们曾经期望人工智能能够无所不能、十全十美，后来我们发现人工智能有其所长，但也有其所短，它并不是三头六臂、包打天下的。

首先，人工智能有其擅长的领域，比如，程序化规律性的工作，超强的计算能力，超大的存储空间，不知疲倦、没有情绪等。

其次，人工智能也有其天然的不足，比如，对场景的认知能力差，常识积累缺乏（不能像科幻电影里那样把人类头脑中的知识全盘复制），缺乏自我意识和情感、价值观，等等。

最后，人工智能分为限定领域人工智能（单一人工智能、弱人工智能），综合人工智能（强人工智能）和超级人工智能，弱人工智能相对好实现，强人工智能短期内很难达到，超级人工智能也许永远不会出现。

人工智能在有的方面有其固有的优势，而在有的方面则显得苍白无力，人类要做的事情就是综合人类和机器的长处，取长补短，互为补充，实现综合实力的提升。

二、人工智能：你并不是人类的终结者——从替代到融合的转变

人工智能并不能替代所有人类的工作，而是实现机器和人的高度融合。人工智能并不是人类的敌人，而是人类的朋友，大家并非不共

戴天，而是可以和谐共处。

从人类历史发展的历程看，新的技术手段、生活方式会在很大程度上替代旧有，但后者也很难完全消亡。我们经常可以看到，在飞驰的高铁外，人们正骑着摩托车，甚至赶着马车代步。现代交通工具和传统交通工具相辅相成，两者各有擅长，各有适用场合，比如，在山地等特殊地形下，传统交通工具的优势反而显现出来了。

举两方面例子来证明人工智能等新技术与传统产业的融合共生。

一是商业的例子。在前几年电商急剧扩张的时候，一些传统商业确实受到了不小的冲击，不少实体商店纷纷关闭。很多人就断言，实体商业将很快彻底消失。但最近的趋势证明了电商并不能完全取代实体商店，两者各有利弊，只有互为补充才能长久兴盛，线上线下融合，实体商店虚拟商店结合才是王道。

"阿里新零售"首先掀起风暴。无人超市、万家天猫小店概念纷纷推出，还瞄准了购物中心这片传统热土，正在建设第一家完全属于阿里的"猫茂"（More Mall）购物中心。马云的线上线下新零售版图快速扩张，大手笔收购大润发，急速发展盒马鲜生，以风驰电掣般的速度把线下零售网点布满全国。

京东、腾讯也不甘示弱，先后入股永辉超市。腾讯、永辉和家乐福还签订了战略合作协议，将在科技、供应链等各个方面进行合作。腾讯又联合苏宁、京东、融创签订战略合作协议，计划投资 340 亿元收购万达商业 14% 的股份，实现 1000 家万达广场的目标。同时充分利用腾讯的海量线上流量，打造全新的中国消费模式！

二是金融的例子。马云曾经说过，银行不改变，我们就改变银行。近年来，互联网金融如雨后春笋般涌现，P2P、第三方支付、网络理财、众筹等来势凶猛。天弘基金由于在线推出余额宝，在很短的时间内客户超过 3 亿人，基金规模突破 1 万亿元，一跃成为中国最大的基金公司。确实，银行等金融业需要和互联网、人工智能有机结合，但并不是消亡，至少到现在还没有看到这样的趋势。目前，工行、农行、中行、建行四大银行分别和 BATJ（百度、阿里巴巴、腾讯、京东）四大互联网企业开展了合作，这充分证明了金融与互联网、人工智能是合作双赢而不是谁取代谁的关系。

三、人工智能：你并不是世界的主宰——从主体论到工具论的转变

人工智能是人控制下的智能，是人类的工具，而不是主宰人类和世界的力量。

在人工智能发展的过程中，人们一直有一个挥之不去的情结，就是探讨机器何时能够达到或超过人类的智慧，从而统治全人类。在我看来，机器毕竟是机器，机器要有自我意识、情感和价值观，它就已经超越了机器的范畴。人类从简单生物体向复杂生物体演变经历了上亿年的时间，而且并不是任何物体都能够具有生物机能，都可以演化为高等动物。就像毛主席说的那样，鸡蛋在一定的条件下可以孵出小鸡，但不论给石头什么条件也孵不出小鸡。

人是万物之灵，机器缺乏主观意识和能动性，它可以成为我们最好的朋友，可以弥补人类的不足，但它却不能变成人类的主宰。一只老虎、一条蛇可以威胁人类的生存，但是一个机器却很难做到，因为我们控制着机器的制造、使用、停止。在万不得已的情况下，我们可以不制造这样的机器，我们可以让机器暂停，甚至我们可以把机器毁灭。当然，也存在着一定范围和程度内的机器失控状态，围绕这样的背景，科幻片给我们带来了无比惊悚刺激的想象空间。在这种情况下，人们通过艰苦斗争通常也能最终战胜机器。如果不能，那又该怪谁呢？人类不作死就不会死。所以，如果真有人工智能失控摧毁人类的那一天的话，人类需要好好反省自己的行为。人不是被机器毁灭，而是玩火自焚。

四、人工智能：你不得不放下高贵的身姿——从概念向现实的转变

王晓明是一个"80后"，出生在东北的边陲小城，父母都是工人。30多年前，晓明刚出生的时候，父母省吃俭用，足足攒了一年的钱，花400多元买了一台14英寸黑白电视机，自己用竹竿、灯管、铜丝等

材料费好几天工夫做了一个天线，只能接收几个台，但家里把电视当成宝贝一样用罩子罩着，街坊邻居到了晚上都凑到晓明家里来看《霍元甲》，家里热闹得不可开交。到了 90 年代，晓明上中学后，为了和亲戚、老师等联系，晓明家里装了一部电话，光所谓的初装费就花了 4000 多元，相当于晓明父母几个月的工资，市话每分钟六七角，长途一两元，电话平常用一个木匣子锁起来，当有急事的时候才匆匆忙忙说几句后赶紧挂断。进入千禧年后，晓明考到省城上大学，父母想上上网消磨时间，同时也便于和晓明发邮件和视频联络，专门买了一台台式电脑，加上上网等一套设备花去 1 万多元，面对这样一个大家伙，老两口用起来非常费劲。现在好了，晓明有了稳定的工作，也在省城成了家，有了娃，晓明给父母买了智能手机，也就一两千元不到半个月工资的事，巴掌大的东西，可以照相录视频，可以上网聊天，可以玩游戏，可以用微信，可以网购，一机在手，百事不愁。

从这个例子可以看出来，技术进步似乎普遍都要经历一个从少数人才能理解和使用的曲高和寡型向飞入寻常百姓家转变的过程。1886年，卡尔·本茨发明第一辆汽车，他的妻子是当时唯一的驾驶员，1901 年，慈禧太后 66 岁大寿，时任直隶总督的袁世凯花 1 万两白银买了辆奔驰车，这是中国的第一辆汽车，当时的司机是一个叫孙富岭的太监。而一百多年后的今天，全国的机动车保有量已突破 3 亿辆，具有机动车驾驶资格的人口数量近 4 亿。最早的电话也是稀罕物，从造型上都充满了贵族气息，能用得上电话的通常都是富豪人家。最早能够操控计算机的人总是那么神奇，啪啪啪地敲着一些神奇的符号，屏幕上滚动着一排排信息，而现在根本不需要懂编程，不需要会组装计算机，完全用所见即所得的操作即可。

人工智能要想有生存根基，也必须走下玄妙高深的神坛，不能停留在玄而虚的理论上，不能是少数人能操作使用，而是要进入寻常百姓的日常生活中。为此，我认为至少要做到以下四点：

第一，易操作。典型的例子是家用相机，最早的相机非常复杂，很多功能一般人不能操作，需要由专门的人操作，后来变成了傻瓜式的操作，普通民众一鼓捣就会。最早的电脑操作需要专业培训，一个单位只有几台电脑，有专门的人操作，而现在三岁的娃娃都会用电脑。大家家里的电视、洗衣机、冰箱、手机等电器设备都会有厚厚的使用说明，但真正看使用说明书操作电器的有几人。人工智能时代，我们普通用户不需要了解芯片技术、机器算法等原理，我们只需要像操作一个普通家用电器，或者与人对话一样就可以轻松操作智能设备。如果用一条标准来衡量人工智能操作是否便捷的话，那就看是否可以做到根本不用看使用说明就可以轻松操作。

第二，低成本。20世纪90年代，手拿大哥大是财富和身份的象征，当时那样一个只能接打电话的大砖头需要一两万元，哪怕就是一个只能接收一排数字信息的BP机也要上千元。而现在人手一部的智能手机价格通常也只要一两千元。现在的智能手环、智能扫地机器人等很多智能产品都已经降到了千元以下的水平。可以预想，在不远的将来，大量日用型智能产品的价格都将降到几百元甚至几十元的水平。

第三，便携式。电脑、手机发展的趋势都是逐渐小型化、便携式。笨重的、不利于随身携带的设备不利于人工智能的普及。在人工智能普及的未来，最便捷的状态是植入式的方法，不用另加设备就可以轻松享受智能生活；如果不能植入，要尽可能考虑随身穿戴，可以是戒指、手环、眼镜之类的产品；如果不能穿戴，那么设备要尽可能小巧易携带。

第四，大众化。目前，人工智能已经渗透到我们生活的方方面面，比如，手机用的是智能手机，电脑输入用的是智能输入法，开车用的是智能导航、语音操控，等等。在未来的"智能+"时代，首先，人工智能将融入生活的方方面面，而不是少数的一些领域；其次，人工智能将是普通百姓都能够享有的基本公共服务，而不是收入和地位到一定层次的人所独享的特权；最后，人工智能将成为生活中就像现在的电和网络一样的必需品，你丝毫无感，但它却无处不在。

名人大咖眼中的人工智能

在人工智能的这一波浪潮中，世界各地的人们都对其表示出了空前的关注，很多名人大咖都对人工智能发表过自己的观点。他山之石，可以攻玉。从他们的观点中，我们也许可以汲取一些研究人工智能的智慧火花。

霍金

人工智能的短期影响取决于由谁来控制它，而长期影响则取决于它是否能够被控制。

机器人和其他人工智能设备也许会给人类带来巨大的好处。如果那些设备的设计非常成功，就能给人类带来巨大的好处，那将是人类历史上最大的事件。人工智能也有可能是人类历史上最后的事件。

人工智能技术发展到极致程度时，我们将面临着人类历史上的最好或者最坏的事情。

制造能够思考的机器无疑是对人类自身存在的巨大威胁。当人工智能发展完全，就将是人类的末日。

我担心人工智能将全面取代人类。如果有人能设计出计算机病毒，那么就会有人设计出能提升并复制自己的人工智能。这就会带来一种能够超越人类的全新生命形式。

凯文·凯利

人工智能的确有可能成为人类的威胁，但是，这是一种比零稍大的可能性。就像小行星撞击地球那样，那种事件就是一种发生概率比零稍大的事件。所以我们必然要设置一些防范措施，但是不能因为有这种可能性，就放弃了关于人工智能的投资。未来要发展，不可能基于这样一个小概率的悲观事件去做决定。

人类在未来需要学会的一件很重要的事情是和机器人协作，而不是对抗。更进一步来说，我认为人在未来的价值，也是由他和机器合作的紧密程度来体现的。

人工智能最有可能不是超人类的，而是成百上千的异人新型思维，最不同于人类，没有一个是万能的，没有一个能马上扮演上帝在瞬间解决重大问题。

尤瓦尔·赫拉利

人工智能（AI）是人类历史上一场非常重要的革命，在生物学上也是一场非常重要的革命，会影响我们的生命和地球。在过去几十年中，很多东西并没有实质改变，所有的生物体都是通过自然选择来进化的。但是现在，可能接下来的几代会有一个很大的变化，因为我们有了人工智能。

在未来的 50 年内，我们会发现有一些超智能的实体，可能比人类更加智能，可能也完全没有意识，这会让我们想到一个非常吓人的情景，世界将会变成全智能，但却没有意识。

在 20~30 年内超过 50% 的工作机会被人工智能取代，举个例子，要取代医生可能要比取代护士更加容易，因为医生的工作就是单一的诊断，但是护士的工作就是抽血和验血，这样的工作很难被人工智能所取代。

关于人工智能和人类的意识，这个意识是有区别的，智能解决医疗问题，人类的意识可以感受到情感，人与人之间有相同的情感，所以说，人有意识。计算机智能是通过自己的感受来辨别人类的感受，它是通过一系列的信号分析，比如说，通过心电图、血压的上升等身体的信号来判断。

比尔·盖茨

人工智能只是一种最新的技术，可以让我们用更少的劳动力生产更多的产品和服务，而绝大多数情况下，颠覆过去数百年的发展，这对整个社会来说非常重要。

当下能对世界产生巨大影响的机会存在于三个领域——人工智能、能源和生物科学。因为人工智能可以使人们生活更有效率和具有创造力；而能源革命对消除贫困和气候变化有着重要作用；生物科学则可以让人类活得更长久和健康。

机器人会为我们解决很多问题，如果人类合理规划、使用它，那么机器就还未达到"超级人工智能"，这是一项积极的技术。几十年之后，人工智能变得足够强大时，就需要我们警惕起来了。

马斯克

人工智能是人类文明的最大威胁。短期内最直接的威胁是人工智能将取代人类工作。在未来20年，驾驶人员的工作将被人工智能所颠覆。之后，全球12%~15%的劳动力将因为人工智能而失业。

人类将来需要与机器相结合，成为一种"半机械人"，从而避免在人工智能时代被淘汰。

人工智能武器一旦开发成功，武装冲突就会以前所未有的规模进行，速度快到人类都来不及反应。这种武器会带来恐怖，被独裁者和恐怖分子用来对付无辜百姓，还有可能被黑客滥用。

李开复

如果你怕工作被AI抢走，你就要会做一件AI不能做的事情。这些事情都是AI不能做的，虽然在科幻片里面，好像AI知道美、知道爱，有自我存在感，有自我意识，有感情，会杀人、控制人、统治人，还有机器人杀戮法则什么的，这些都没有任何的科学根据。

今天，AI就是我们的工具，我们控制得了，如果AI作恶，更大的可能是，AI背后的那个人作恶了，不是AI本身作恶了，所以不用太担心。另外，通过研究我们也可以知道，AI没有七情六欲，不懂得自我意识，我们的自我意识是在发展的。AI不知道自己的存在，它只是我们的工具，那我们为什么存在？所以要完全改变我们思考，就是AI不能做的事情，更是我们的机会。

第一，人工智能将代替我们承担重复性工作；第二，人工智能工具将帮助科学家和艺术家提升创造力；第三，对于非创造性、关爱型工作，人工智能将进行分析思考，人类以温暖和同情心相辅相成；第四，人类将以其独一无二的头脑和心灵，做着只有人类擅长、以人类创造力和同情心取胜的工作。这就是人工智能和人类共生的蓝图。人工智能的发展虽是机缘巧合，对人类文明来说却来得正好。它将把我们从常规工作中解放出来，迫使我们思考人因何为人。让我们选择善用机器，互相关爱。

马云

所谓的智能世界，我们不应该让万物像人一样，而是万物像人一样去学习，如果万物都学习人，麻烦就大了，应该是万物要拥有像人一样去学习的能力，机器是具备自己的智能、具备自己的学习方式的。

机器不应该成为人的对手，机器和人只有一起合作，才能解决未来的问题，就像竞争对手一样，我们应该联合起来解决人类未来共同的问题，共同的麻烦，只有这样，竞争只是乐趣。

人类的很多工作一定会被机器人取代，而人类将会从事更有创意、更有创造、更有体验的工作，服务业一定会成为未来就业的主要来源。

机器是没有灵魂信仰的，而人类有信仰、有灵魂、有价值，有独特的创造力。相信人类可以控制机器，人设计的机器，不可能超越人类。

李彦宏

我同意现在的人工智能，尤其是机器学习、深度学习的算法还确实处在非常初级的阶段，还有很大提升的空间，现在做得还非常不够。什么时候能够挑战真正人的认知能力，我觉得还有很长很长的时间。我说话比较保守，我说很长时间的意思是这一天永远不可能来到。

第一阶段是弱人工智能，第二阶段是强人工智能，第三阶段是超人工智能，我认为强人工智能这个阶段达到不了，不仅仅是因为永远搞不清楚人脑是怎么工作的，即使用电脑的方法模拟人脑，要想完全达到人脑的水平，我觉得也不可能，永远做不到这件事情。

饶毅

人工智能的发展在我们有生之年都不可能达到科幻的程度……那些所有高级的，人工智能有思维、认知和情感，都是瞎说的。我也认为人工智能的进步是有限的，把人工智能模拟成人的，我认为百分之百都是假的。

 ## 第二节　人工智能：游走于非黑即白之间的那只薛定谔的不死神猫

2000多年前，伟大诗人屈原仰天喟叹，写下了流传千古的《天问》，从天文地理、历史人文等方面提出了96个问题。在人工智能方面，无数仁人志士也提出了自己的天问。概括起来，集中在以下三个方面：第一，人工智能会不会全面超越人类的智慧；第二，人工智能会不会全面取代人类；第三，人工智能会不会毁灭人类。

一时间，人工智能到底是天使还是撒旦，是人类的朋友还是敌人，是洪水猛兽还是救世奇主，这些成为全人类不得不面对的现实问题。人工智能已经成为街头巷尾、男女老少、茶余饭后热聊的话题，大家时不时都会评头论足，很多人陷入了对人工智能的焦虑、恐慌。对新技术、新趋势表示关心，对全人类共同命运表示关注本无可厚非，对未来社会充满前瞻性和危机感也没有问题，但要客观、全面地看待人工智能，不能以偏概全、主观臆断，不能夸大其词、危言耸听，不能听风是雨、人云亦云，更不能妖言惑众、蛊惑人心。

牛顿认为光是一种粒子，惠更斯认为光是一种波，爱因斯坦说，你们谁都别吵了，光既是一种波，也是一种粒子，这就是光的波粒二象性，爱因斯坦还据此获得了诺贝尔物理学奖。从这个经典例子中可以看出，科学很好玩，上帝也会掷骰子。在 20 世纪上半叶，爱因斯坦、普朗克、海森堡、薛定谔等一群天才的物理学家致力于量子力学的研究，并且提出了一系列假说。进入 21 世纪后的今天，量子力学和人工智能都重新焕发青春，我们很难说两者间有何种微妙的必然联系，但都投射出科学中一些非黑即白的中间地带，比如海森堡的不确定性原理，最有名的是薛定谔的猫。薛定谔提出，在一个密闭的盒子里有一只猫和少量的放射性物质，放射性物质有 50% 的可能会衰变，导致铁锤击碎玻璃瓶，毒气泄漏将猫毒死，也有 50% 的可能放射性物质不会衰变，从而猫不会死亡。在不打开盒子的情况下，我们不得而知猫到底是死亡还是活着。用薛定谔自己开玩笑的话说，猫一直处于"死—活叠加态"，它既死亡又活着。这用量子论来解释的话代表了量子叠加，用通俗的观点来理解的话，它代表了事物很多时候并不是处于一种完全非黑即白、非此即彼的绝对态，纠结于完全的是非对错有时并没有太大意义。

回到人工智能的话题，关于人工智能的各种假象、论辩，公说公有理，婆说婆有理，但陷入一味的纠缠就没有太大必要了。千百年甚至亿万年后，人工智能发展到什么程度可能远远超乎我们的想象，就好比《西游记》里面日行万里、呼风唤雨、拔毛变猴、隔空猜物等假想，在当时的科技水平下俨然就是天方夜谭，但多少年后的飞机、人工降雨、克隆技术、超声技术等把这些都变成了现实。如果我们一味地纠缠在这些问题的是非对错上，就太浪费时间和精力了。

在人工智能的研究中，我们既要有高飞的翅膀，更要有坚实的脚步，我们也许应该更多地关注在可以预见的未来时间里，人工智能可能的发展趋势以及会给我们带来的影响，并要提早采取应对措施。这个时间可能是一二十年、三五十年，这些是我们有生之年能够看到的。如果总是纠缠于一些千百年甚至亿万年后的事情，难免有杞人忧天之嫌。

一、人工智能会不会全面超越人类的智慧

1997年，IBM "深蓝"战胜卡斯帕罗夫，2016年谷歌 "阿尔法狗"战胜李世石。我们既不能夜郎自大，无视人工智能发展的速度和潜力，但也不能因为人工智能的迅猛发展而无限遐想。

我们要正确处理局部与整体的关系，不能以偏概全、无限延展、夸大其词，用人工智能在个别领域的优势来评判它的整体水平。比如，人工智能在程序化计算方面超越人类，就认为在各个方面人类都不是人工智能的对手。

首先，人类对自身智慧的认识非常有限，人脑的开发还不到百分之十，短期内希望通过机器模仿人类思维并且完全超越人类智慧是很困难的。人的思维的发散性、创造性等都是机器这样的非生物体很难达到的，所以，寄希望于短期内机器达到人脑智慧的高度是不现实的，人工智能在某些单纯逻辑工作中完全能够达到或超越人类，而在非线性思维等领域却很难达到人类的高度。

其次，生物体有其奇妙的功能和结构，而机器却很难达到这种精巧的程度，就像再笨的马也会轻轻松松摇头晃脑，而再精巧的木马做这些动作也很笨拙一样。现在那些把人工智能吹得神乎其神的，有很多是别有用心的商家的噱头。比如，扫地机器人、育儿机器人，其实与人类的差距还很大，智能水平甚至还不如一个刚上小学的孩子。在每年举办的世界机器人足球大赛上，机器人笨拙的行动、摔倒后重新站起的艰难，甚至连三五岁的小孩都不如。

最后，纵然自然界的长期进化会产生意想不到的结果，但也需要长期的演化时间。比如，单细胞生物能够演变出包括人类在内的上亿种形态千差万别的生物，鸡的祖先是恐龙，动物能够从海洋演化到陆地，这些看似跨度很大、几乎难以想象的事情最后都发生了，但这些演化

经历了上亿年的时间。哪怕人工智能时代机器演化的速度飞速提升，也不是短期内就可以完全超越人类的。

可见，人工智能和人类是各有所长、互利互补的关系，而不是全面超越的关系。我们完全有理由认为，在可以预见的短期内人工智能不可能全面超越人类，但若干年后，只能交给薛定谔的不死神猫。

二、人工智能会不会全面取代人类

我们要处理好结构性转换调整和整体性替代的关系，不能危言耸听、蛊惑人心。在技术变革时期人类社会都会面临原有工作的减少和工人的失业，但这只是一种阶段性、结构性、摩擦性的失业，社会总产出、就业总量是增加的，而且工作会更加体面、轻松。

首先，人工智能会取代一些工作，但不会完全消灭，可能会并存，比如，我们可以看到机器制衣，但手工纺纱、织布、裁剪、缝纫衣服也从来没有灭绝。

其次，人工智能替代了一些工作，但也会创造更多更体面的工作，比如，火车替代了马车车夫、饲养员等职业，但却带来了火车司机、乘务员等新职业。

最后，有大量休闲享乐型工作不是人工智能能够替代的。有人提出，未来人工智能将会主要替代 4D 类工作，即：Dangerous（危险的）、Dirty（肮脏的）、Difficult（困难的）、Dull（无趣的）。除此之外，还有大量的工作不是人工智能能够替代的，主要是思想类、服务类、休闲创意类工作。

人工智能推动产业结构升级，催生更高层级产业，从而带来劳动者就业跃升。为此，我们要坚持做到以下两点：

一是在人工智能时代，我们需要有危机感和紧迫感，一方面要积极寻找那些不会被人工智能替代的工作，另一方面要主动培养不会被人工智能替代的技能。要想在人工智能时代不被机器淘汰，现在就赶快行动吧！

二是不能消极抵制人工智能。世界潮流，浩浩汤汤，顺之者昌，逆之者亡。我们改变不了世界，就只能改变自己去适应世界。在蒸汽机、电力时代，人们担心机器吃人就打砸机器。我国一些地方最早有了铁路后，马夫、挑夫担心失业，也出现过拦截破坏火车的情况。1865年，英国议会通过了《机动车法案》（被戏称为《红旗法案》），规定机动车必须至少由三人驾驶，其中一人必须在车前50米摇动红旗开道，并且时速不能超过4英里，在城镇和村庄路段不能超过2英里。《红旗法案》比卡尔·本茨发明第一辆真正意义上的汽车还早了10多年，英国抵制机动车的发展，使得英国错失了大好发展机会。

人工智能与人类是一种协同的关系，而不是替代的关系，人工智能是人类的伙伴，会让我们的工作更加方便快捷而有意义。所以，我们完全有理由相信，在可以预见的短期内人工智能不会全面取代人类，但若干年之后，只能交给薛定谔的那只不死神猫。

三、人工智能会不会毁灭人类

在这方面，我们要处理好主体和客体的关系，不能用无意识的伤害代替有意识的行为，不能惊世骇俗，吸引眼球。

首先，机器是由人控制的，人有最终操控能力。孙悟空本领再高，也逃不出如来佛的手掌心，也避不开唐僧的紧箍咒。面对人工智能可能带来的危害，我们可以不制造危害人类的智能设备，比如，智能战斗武器（杀人机器）这类有攻击性的机器人。对于这一点，现在很多人都在呼吁。目前全世界的化学武器足以摧毁人类若干遍，但核按钮一定要牢牢控制在人的手里。人工智能也一样，最终的操控按钮一定要牢牢地掌握在人类的手中。

其次，目前出现过的机器杀人事件基本都是识别错误、程序紊乱等原因造成的，还没有发现机器有意为之的情况。1978年9月6日，日本广岛一家工厂的机器人在切割钢板时，误将一名工人当作钢板切割致死，这是史上第一起机器人杀人事件。之后，类似的情况也有发生。究其原因，要么是机器错误地将人类识别为操作对象，要么是机器程序出错导致行为失控，还没有发现机器故意杀人的案例。大家应该形成一个共识，那就是机器没有自己的主观意识。所以说，如果人类被机器毁灭，那不是被机器毁灭，而是被人类自身毁灭。

最后，如果真有那一天，机器能够将人类轻松毁灭，那也请我们乐观面对，既然不能改变现实，就不妨幽他一默。设想彼时人类的处境，机器可能会把我们作为食物，就像我们现在吃牛羊肉一样；或者把我们作为宠物，就像我们现在遛猫遛狗一样；或者把我们作为劳动力，就像我们现在坐驴车马车一样；或者把我们关进动物园，就像我们现在看猩猩猴子一样；或者逼得我们四处流浪躲藏，就像现在的流浪猫流浪狗一样。历史上确实有一个物种灭绝另一个物种的例子，但随着社会的进步，往往是各个物种相互共生。但愿在机器人统治的世界里，我们都能够被当作宠物来对待。

机器是人类的朋友，而不是人类的敌人，我们完全可以和谐共处。

人工智能需要脑洞大开
——科幻片里的人工智能遐想

未来是什么样的？每个人心中都充满了好奇。每个人心中都有一幅关于未来的构想，也许每一个人所构想的都不是未来真正的模样，但依然阻挡不了我们对未来的美好憧憬。从形形色色的科幻片中，我们也许可以发现一些对发展人工智能的奇思妙想，哪怕现在看来遥不可及而又荒诞离奇。下面，就让我们从几部经典的科幻片中一窥人工智能之脑洞大开。

一、《我，机器人》——人工智能科幻大师笔下的机器人第二十二条军规

一生多才多艺、经历坎坷周折的艾萨克·阿西莫夫，是美国最具传奇色彩的人工智能科幻大师。1942 年，阿西莫夫在短篇小说 *Run*

Around（《环舞》）中提出了机器人三大定律，而在当时，机器人还停留在一个虚拟的概念中，真正意义上的机器人并没有出现。这三大定律后来成为机器人研究领域的天条。第一，机器人不能伤害人类，或不能看到人类受到伤害而袖手旁观；第二，在不违背第一定律的前提下，机器人必须服从人类命令；第三，在不违背第一定律和第二定律的前提下，机器人必须保护自己。

《我，机器人》这部科幻片是根据阿西莫夫的短篇小说改编的。故事的背景设定为 2035 年，具有高度智能的机器人已经融入人类社会中，它们无偿为人类提供各种服务，且毫无怨言。

三大定律是整部电影的线索，和一般人工智能导致世界末日的灾难电影不同，《我，机器人》更注重对人和机器人之间关系和规则的讨论。

1985 年，阿西莫夫出版了"机器人系列"的最后一部作品《机器人与帝国》，并提出了凌驾于"机器人三大定律"之上的"第零定律"：机器人必须保护人类的整体利益不受伤害，其他三条定律都是在这一前提下才能成立。

在这一系列多层嵌套的规则体系里，是否存在目标冲突而成为机器人设计中的"第二十二条军规呢"？我们拭目以待！

二、《机械姬》——亦真亦幻的图灵测试

计算科学开山泰斗图灵曾经说过："如果电脑能在 5 分钟内回答由人类测试者提出的一系列问题，且其超过 30% 的回答让测试者误认为是人类所答，则电脑通过测试。"由此引出了人工智能的概念。这个测试被称作图灵测试。

在电影《机械姬》中，亿万富翁内森认为，能够通过传统的图灵测试并不稀罕，也不能证明计算机拥有很高程度的智能。厉害的人工智能是，你明明知道坐在你对面的是机器人，但你还是会以为她是活生生的人类，并且还对她产生感情。为此内森找来了自己公司的一名职员——迦勒进行测试。

在和机器人艾娃相处一段时间后，即便明明知道她是个机器人，

但迦勒还是不可避免地对她产生了感情，艾娃通过欺骗，成功地让迦勒想把她放出去，通过了测试。

机器人到底有没有感情，这是一个永恒的话题！

三、《2001 太空漫游》——人工智能和人类到底谁控制着谁

故事发生在飞往木星的飞船上，该片中的人工智能不是像人一样的机器，而是一台具有人工智能、掌管整个飞船的电脑。在飞行途中，人工智能哈尔与人类飞行员就飞船零部件是否发生故障产生了冲突。

两位飞行员认为哈尔出现了错误，打算关闭它。而哈尔的使命是不惜一切代价来保证飞船完成任务。为了阻止自己被关闭，哈尔打算杀掉这两位飞行员，独自完成任务。

在经历了一系列的斗争之后，飞行员终于成功关闭了哈尔。在即将被关闭的时候，哈尔发出了求饶的声音。

与很多星际战争、人机大战之类的人工智能科幻片在人与机器角逐中到底谁占上风问题上暧昧的态度相比，《2001 太空漫游》似乎证明了人类才是世界的主宰。

四、《人工智能》——人类是否可以被完全复制？

这部影片的主角是一个机器人男孩大卫。女主角的儿子因为疾病不得不被冷冻保存。为缓解感情上的空虚，女主角和丈夫便将儿子的大脑思维和感情注入机器人中。然而某一天，她们的儿子突然醒来了。

大卫被丢到机器人屠宰场，但是他对母亲已经产生了真正的爱。在大卫即将被处决时，现场的观众最终还是心生怜悯。

如果有一天，我们真的能够把人类的思想和情感复制到机器中，给我们带来的将会是无限的深思！

五、《阿凡达》——一部能够满足人们对未来生活所有幻想的人工智能扛鼎之作

故事发生在 2154 年，杰克·萨利是一个双腿瘫痪的前海军陆战队

员，被派遣去潘多拉星球的采矿公司工作。这个星球上有一种别的地方都没有的矿物元素 Unobtanium，能够吸引人类不远万里来到这里拓荒的 Unobtanium 将彻底改变人类的能源产业。但是，资源丰富的潘多拉星球并不适合人类生活。这里的环境也造就了与人类不同的种族：10 英尺高（约 3 米）的蓝色类人生物纳威（Na'vi）族。纳威族不满人类拓荒者的到来。人类即使学会纳威语也无法和纳威人直接交流，于是科学家们转向了克隆技术：他们将人类 DNA 和纳威人的 DNA 结合在一起，制造了一个克隆纳威人阿凡达，这个克隆纳威人可以让人类的意识进驻其中，成为人类在这个星球上自由活动的化身。只有 DNA 匹配的人才能操控阿凡达。杰克的双胞胎哥哥是阿凡达的人类 DNA 捐献者，但他已被杀死，采矿公司只有派杰克去。

几年后，杰克到了潘多拉星球，他在与毒狼的斗争中被纳威族公主救下。在和这个纳威女孩相处的过程中，杰克逐渐转变了对人类来这里采矿的看法，他要加入纳威族人对抗人类入侵者的战争。

后来，杰克终于得到纳威族人的信任。他们联络了潘多拉星球上其他民族的人，一起组建了一支几千人的反抗军，并最终打败了人类。在纳威族精神领袖的带领下，纳威族人用自己的感受器与神树相连，将杰克的精神转移到阿凡达身上，杰克最终成为这个星球上纳威人的领袖。

这部 2009 年风靡全球的科幻影片，成功碾压了之前的大量同类作品，可以说是将科幻影片推向了史无前例的巅峰。抛开高科技的特效技术、震撼的画面感不说，在这部影片中，涵括了星际大战、能源危机、人机融合、机器情感、克隆技术、超能力、正义与邪恶、英雄与美女等人类对于未来的一切幻想。这样的绝世大片，想不火都难！

科幻，也许终归只是科幻！

第三章
人工智能：你可以改变全部的生活，却代表不了生活的全部

上帝能创造一块他自己都不能举起的石头吗？

答案：能，结论：上帝并不是无所不能的。

答案：不能，结论：上帝并不是无所不能的。

十年抑或二十年后，人工智能将会渗透到我们生活的每一个方面，就像电气化时代离不开电，网络时代离不开网一样。都说"好厨师，一把盐"，做饭是离不开盐的，但也不能光放盐。做土豆烧牛肉需要放盐，但光有盐是不行的，必须要有土豆和牛肉。同样的道理，人工智能，给生活加点料，但生活不能光有料，该有的生活还得有。

第一节　智能改变我们的生活——人工智能时代社会潮流的十大猜想

　　张拉拉今年 36 岁，是一家省属国有企业的中层干部，有一个 8 岁的儿子和一个 3 岁的女儿，她的丈夫是省直机关的一个处长。在外人看来，这是一个非常幸福、让人艳羡的家庭，但夫妇俩却处处感到焦虑。大儿子在班上成绩中等，过几年就要上初中了，现在要上英语、数学等各种辅导班，还参加了演讲素质培训班，还上了击剑、跆拳道兴趣班。小女儿马上该上幼儿园了，要找关系才能上附近的公立幼儿园，为了不输在起跑线上，以后能够上一个好的小学，女儿从现在开始就上了英语、舞蹈、绘画等兴趣班。小两口还在考虑要不要换一个学区房，要换的话还缺不少钱。张拉拉从大学毕业一直在这家公司工作，现在工作比较稳定，但收入一般，也有民营企业愿意高薪聘用她，不过她担心民营企业发展前景不明朗。丈夫收入更少，但分了一套房子让家里住得还算宽敞。在机关干到处长也算是到了仕途上的一个坎，那些排在前面的十来年的老处长还不少。孩子的爷爷奶奶原来在县城工作，都有一点退休金，现在帮忙看孩子，但老人毕竟年纪大了，身体一年不如一年，以后谁看孩子谁看老人也是个问题。姥姥姥爷情况更不容乐观，老两口在农村，身体也不太好，没有人照顾，也没有养老金，只有一点点农村合作医疗保险，这让小两口随时牵挂。家里的孩子也不让小两口省心，哥哥天天想着玩游戏"吃鸡"，或者是看"抖音"玩微信，小妹妹别看刚 3 岁，手机、iPad 玩得也很溜。

　　这样的状态也许是这个时代无数家庭的缩影，代表了当前社会中间层人士的一种普遍状态。这是一种焦虑综合征，从生、养、病、老到工作、生活、学习的方方面面都反映了大家对未来的焦虑。几十年前，大家的生活状态和心理状态完全不是这样的，可以预见，几十年后也不会是这样的。

人工智能时代的社会和生活会是什么样的，我们可以做大胆的预测，而且有些趋势在我们的下一代中已经初露锋芒。在此申明，下面提到的这些社会潮流可能是人工智能时代的一种状态，但并不全是人工智能因素导致的，它是科技、经济、人文等综合作用的结果。

1. 金字塔形的社会分层会变得更加圆润而有弹性。在传统社会里，社会分层比较清晰，大家看重等级和权威，今后大家会更注重自我的关系型圈子，而忽视职位等级，比如，在一个团队里，职位最高的不一定是自己最敬重的，反而可能是那些在某些方面能够引起大家共鸣的人更容易成为实际上的精神领袖。

2. 统一的社会价值观会变得多元化。未来是一个社会价值观多元化的社会，每个人都更加注重自己的个性，每个人都希望按照自己喜欢的方式去生活、去表达，大家对他人也会有更多的包容，教育、组织规则不会再是整齐划一的统一标准，在社会主流价值观下，会有很多个性化的亚文化。

3. 学习、工作更注重个人兴趣爱好。升学、就业的压力进一步减轻，大家在工作学习中更多的是从自我的角度出发，根据自己的兴趣爱好和特长选择自己学习的内容和从事的工作。家长没有必要为孩子报太多的培训班，而是根据孩子的兴趣爱好来选择，并充分尊重孩子的意见。年轻人能够选择把自己的兴趣爱好作为职业，将是一件非常美妙的事情。在工作中玩耍，在玩乐中工作将成为现实。

4. 更加注重个人素质的提升和个人满意度。由于在新的社会形态和工作环境中，大家工作将更加注重个人的满意程度，每个人会有一些自己喜欢而明确的职业目标，并且会更主动地根据职业发展目标培养提升个人素质，他们不是纯粹为了谋生而去学一些不喜欢的知识、做一些不喜欢的工作。

5. 个人成功的标准不再完全以职位衡量。个人成功的标准将更加多元化，而不是千军万马过独木桥，大家都削尖脑袋往金字塔的上层爬。不一定要有很高的职位，但一定是从事自己喜爱的工作，并且能够搞出名堂和花样，能够让自己满足。总而言之，干什么并不重要，只要自己喜欢就好。

6. 团队中更加注重平等协商的氛围。大家对职位和权力的畏惧感减少，因此团队中更注重平等的沟通和商量，而不是简单的命令和粗暴的批评。大家更喜欢在温馨、宽松的环境中工作，工作中会挑选合作伙伴和环境，不会刻意控制自己的情绪。和自己喜欢的人工作觉得开心，对其他物质和功利因素看得越来越淡。

7. 工作更加注重个人价值的实现。工作中的成败关键是看能否发挥自己的作用，工作成果的满足感有时会超过职位和金钱，个人得到他人的肯定甚至超过升值加薪的吸引力。生活水平、物质条件提升后，工作不会光冲着钱来，如果高兴，少挣钱甚至不挣钱都可以，但如果不高兴，多给钱可能也不愿意做。

8. 对生活的享乐和个性的释放将催生休闲享乐型服务业的大爆发。大家更加注重工作与生活的平衡，加班加点、没日没夜工作的情况会越来越少，有些人宁愿少挣钱也不愿耽误休闲享乐的时间。勤俭节约、勒紧裤腰带过日子的传统逐渐被抛弃，超前消费、负债消费、享乐型消费将会成为一种时尚。每个人都希望展示自己的个性和才华，玩也要玩出花样，一旦有了新式的玩法，大家都有强烈的冲动要去试一试。

9. 就业形式更加灵活多样。企业的规模会变小，除了关系国计民生的竞争不充分企业和一些平台型企业外，将有大量的小型创新性企业涌现。由于大家的工作更多聚集在创新型、服务型行业，这些工作对工作场所、时间等的限制进一步减少，工作将是一种宽松氛围下的创造性工作，是一种自由掌握时间的成果导向性工作，因此，将会有更多的人在家庭办公或者兼职工作。工作不是找一个稳定的大企业干一辈子，跳槽会更加频繁。

10. 更多人从事"小而美"的平台创业。由于产品细分和人们需求的日益个性化，以及"大众创业、万众创新"等的推动，各种创业平台不断涌现，大家可以更便捷地创业。创业的内容聚焦在自己擅长和喜欢的领域，不一定做得很大，但一定要有特色，是自己价值观的体现。

同时，平台提供公共服务后，创业者只需专注于自己的产品和服务领域，不用投入太多资金成本，不用太多关注水电房租、纳税社保等企业日常运营工作。很多有个性、有想法的年轻人会加入创业大军中来。

总之，未来的人工智能时代，我们可能面临着更加多元化的价值观、更加自我的个性、更加随性的生活、更加平等的社会、更加灵活的就业等。

那些张拉拉们，看了以上的文字，不知焦虑的心情能否得到些许的宽慰。

众说纷纭话未来——人工智能时代是什么样的呢

对于人工智能时代的社会场景，我们每个人可能都有自己的一番憧憬。笔者从知乎上摘录了几名网友的大胆预测，聊作启发。

人工智能在不同发展阶段是不一样的。

五年后，很容易想到，也许真的就不需要驾驶执照了，路上跑的很多是自动驾驶汽车。同时，语音助手功能也十分完善，坐在自己的汽车上告诉汽车要去哪里后，就可以忙自己的事情了。

十年后，人工智能高速发展，基本上能达到小孩的智商水平，每个人都可以买一个机器人当自己的智能管家。生活中方方面面都充满了人机交互。

二十年后，如果人工智能没有被人类遏制，很难想象会发展到什么程度。

其实，在目前阶段，至少人工智能还是朝着我们想的方向发展，人工智能其实是掌控在我们自己的手中的，未来有无限可能，毕竟这个时代是我们的。

——Jinming Su

可以预见的是，未来50年人类生活将被人工智能重新塑造，一个充满无限可能的人工智能时代将全面来临。

考察人工智能领域的现状，我们发现智力远超人类的"强人工智能"仍属于科幻范畴。而在不远的未来，逐渐走出实验室应用到日常生活中的"弱人工智能"，已经开始引发广泛关注。

50年前，在人们心目中自动化代表着智能；20年前，用汇编语言写出逻辑编码，机器能完成人类完成不了的任务就是智能。而今天我们讨论的人工智能，主要依赖深度学习技术，不需要人类输入规则，而是机器自己寻找规则——这让我们认为：机器有了智能，能像人一样思考。

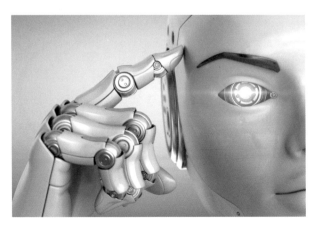

而深度学习大显身手有两个条件——强大的计算能力和高质量的大数据，前者得益于硬件计算能力的发展，后者则是互联网时代每天产生亿级数据的受惠者。

理想化的状态如下：

1. 人人都有智能助理。对咖啡机说一句"我想喝杯咖啡"，于是，一杯不加糖、脱脂奶的咖啡就到了你手边，你甚至无需告诉它，你的口味是什么，答案在往日积累的口味偏好数据中。

2. 人人都是老司机。特斯拉、谷歌、德系车企……众多玩家都在让科幻电影中的智能驾驶变成真实，中国科技企业自主研发的无人车也经过了路测、试驾等重重考验。在2016年乌镇世界互联网大会上，百度无人车首次进行开放城市道路运营，几十名乘客提前体验了无人驾驶汽车，他们还为汽车行业及自动驾驶领域的合作伙伴提供了一个开放、完整、安全的软件平台Apollo，助力传统车企快速搭建出一套属于自己的完整的自动驾驶系统。未来，年迈的老人或考不过驾照的新手，或许都能通过无人车轻松上路，一家人在出行过程中也能够解放双手，享受车上的家庭时光。

3. 出门"带脸就行"。"刷脸"时代，仅仅凭借一张脸就能轻松实现一切所需。人脸识别技术带来的不仅是方便快捷，更重要的是安全，当它与金融结合，我们可以不带手机，不带银行卡，只需要扫一下脸，不管是在小超市买东西，还是理财、信贷等其他金融服务，都能实现极速办理。

4. 娱乐旅行、文化教育新体验。除了翻译，人工智能还在其他方面改变着我们的娱乐和旅行。如今的图像识别以及 AR 等技术可以让褪色的物体或图片复原几千年前的色彩。

——速感科技

第二节　走下神坛的人工智能，其实你并不是无所不能

"2050 年后，人工智能将具有跟人一样的意识，人工智能将全面统治人类。"

"机器人智能在某些方面已经超过了人类，20 年后，机器人将全面超越人类。"

"2035 年后，80% 的工作将被机器替代，人类要么成为那剩下的20%，要么就被淘汰。"

……

一时间，人工智能无所不能的言论铺天盖地。大家要特别提防别被以下这三类信息忽悠了。

第一类是科幻片，它们代表了对人工智能未来发展的设想，但有些过于极端，可能永远无法实现，比如意识、情感、人脑知识复制等。

第二类是夸大其词、吸引眼球的言论，把人工智能在某些方面的初步探索演绎得神乎其神，用那些绝对化、夸张性的语言吸引公众的注意力。

第三类是别有用心的商业吹嘘，把任何商品都打上人工智能的标签，把简单的功能吹上天，不外乎忽悠买家上钩。

　　对于人工智能，我们必须保持清醒的头脑和明亮的眼睛，客观公正地认识其长短优劣。

一、人工智能，你毕竟不是人

　　人工智能在程序性工作、计算速度、存储能力等方面有天然的优势，但也有很多不能替代人类的地方。

　　一是机器在经验知识（常识）方面的缺失。比如，机器人承担家庭照料工作，他可以拥有很多标准化的知识，会唱各种各样的歌曲，懂得各种各样的医疗急救知识，知道很多种菜品的制作方法，但他却不了解身边这个陪伴对象的个人背景、喜好、情感等知识，而这些知识是几十年朝夕相处、相濡以沫的积累，机器通过日常接触后积累的知识非常有限。家人了如指掌、一点就通的事情，对于再智能的机器来说可能都显得不知所措。比如，老奶奶说："儿子，1963年的时候，你爸爸在新疆当兵，给你带回来一个帽子，你那时候刚上幼儿园，天天都戴着，特别喜欢，后来还一直留着。昨天晚上我做梦的时候又梦见你爸爸了。你给我把那个帽子拿出来看看吧，我想你爸爸了。"儿子可以很轻松地找出来，而机器呢，只能翻白眼。

　　二是机器缺乏对场景的认识，缺少知识归纳、联想和创造。大家经常举例，一个很小的孩子，在他看过一些汽车的图片后，当他再看到下面有四个轮子、上面有盒子一样的东西就会知道那是汽车。而人工智能需要对大量的汽车进行认知，能够知道每个车的车标，能够知道标准的车的模样，但一旦车的模样变得不太规则后，人工智能就很难识别了。比如，像下面这样不太规则甚至更抽象的汽车图案。

　　再如，现在有的机器人能作诗。人民日报和百分点集团共同研发了这样的人工智能产品，名字叫AI李白。

　　它学习了八十万首诗词，通过深度学习技术，可以根据特殊的语境及要求创作出唐诗和多个词牌的宋词。首届数字中国建设成果展览会上，第三季中国诗词大会总冠军雷海为和AI李白进行了PK，据称双方各有所长，难分伯仲。机器作诗，其实是在阅读大量素材的基础上，根据特定条件进行规律性组合形成的诗作，这样的作品内容丰富，超越人类知识积累的优点，但机器很难根据现实的场景有感而发形成千古流传的诗句。这让我想到了，在集贸市场里或者旅游景点也经常会有现场作诗的，有的用名字作诗，有的用特定的字作诗，在我看来，这些更多的算是匠人，还称不上真正意义上的诗人。这跟机器作诗的原理类似。

形式各样的汽车

　　还有机器人能写歌。微软推出了一款智能产品叫小冰。

　　2018 年 5 月 19 日，在北京举办的第五届知乎盐 Club 新知青年大会上，一首由小冰作词并演唱的歌曲《我知我新》成为大会主题曲。这让我想到了我国台湾的"急智歌王"——张帝，他擅长即兴作词作曲，其实歌词有一些常用套路，曲调也会采用来一些常用的模板，机器不外乎是比他积累的词和曲更多而已。在我看了，这只能算是一种填词填曲，还称不上真正意义上的作词作曲。

三是机器缺少感情和个性。机器擅长的是知识技能，但它毕竟是流水线的产物，缺乏的是情感和个性，而我们生活中的情感是不可或缺的。比如，在家庭生活中，当老公送给老婆一束鲜花，说两句甜言蜜语的时候，老婆是不是觉得自己是天底下最幸福的女人，老婆把地板拖了一遍又一遍，为老公做上最拿手的一桌好菜，等着老公回来，这是多么幸福的事情，哪怕地拖得一点都不干净，饭做得一点也不好吃。机器可能会把地拖得很干净，把饭做得很好，但你愿意和冷冰冰的机器一起共进烛光晚餐吗？当然，机器可以作为人类最好的帮手，可以让你们有更好的环境，更好的美食，还有更多的谈情说爱的时间，也许这是机器最重要的作用，但人类这个主角绝对不能缺少。弱弱地问几句：你愿意嫁（娶）机器人吗？你的儿子愿意由机器人教育辅导吗？当你老了之后，你愿意由机器人来照顾吗？我想，绝大多数人的答案是否定的。

四是机器缺少自我意识和价值判断能力。换句话说，机器不是根据自我意愿去做事情，而是根据外界指令或程序开展工作。这是一个事物的两个方面，从好的方面来看，他不会因为自己心烦撂挑子，不会因为脾气暴躁攻击他人；从不好的方面看，他不会判断自己的行为是否符合道德、法律，只会按照设定的规则程序或指令行事，所以很容易被他人操控，从而带来不良后果。因此，在科幻电影里面，人机大战其实极少数是机器觉醒，要与人类一决高下，多数情况下是人类自我控制机器，或者外星人或者生物体控制机器。可见，智能时代，人类还是最后的主宰。

二、人工智能，还有谁比你更能

人工智能给生活加点料，但并不能代替生活本身。你是美食中的佐料，但美食离不开米面肉这些主料。在人类社会发展的历史长河中，人类从哪里来到哪里去，人的智慧从哪里来，人如何才能健康长寿，如何保障人类的生存资源环境等，这些根本性问题非常重要。我觉得人类生存发展有两大主题是永恒的，一是活着，二是更好地活着。

围绕活着的主题，能源材料生命科学的重要性不亚于人工智能，因为它们让人类得以生存。人类历史上的诸多战争，当今世界各国对太空、海洋等的争夺，一个重要的焦点就是对能源的掌控，谁掌控了能源，谁就掌握了人类的未来。包括人工智能技术在内的新型尖端技术，无一不需要相应的材料来实现，否则就只能停留在实验室里。生命科学更是直接决定了人类的健康和寿命，基因科学、克隆技术等让人类更加健康长寿，世界由此更加精彩。

围绕更好地活着这一主题，可能会催生一个新的大类产业——休闲享乐型产业。在人工智能时代，人类有更多财富、更多闲暇，人类更多需要的是享受生活、放飞自我。可以预想，在不远的将来，包括文化创意、旅游休闲、餐饮娱乐、动漫电竞、表演设计、情感咨询等在内的休闲享乐型产业将爆发式增长，这一趋势目前已经初露端倪。

人工智能并不是生活的全部
——影响未来生活的黑科技畅想

一、新能源：为人类生生不息提供源动力

当今世界还是以化石能源为主导。未来的新能源开发将以新技术和新材料为基础，用取之不尽、周而复始的可再生能源取代资源有限、对环境有污染的化石能源，将重点开发核能、太阳能、风能、潮汐能、地热能等。

以核能为例，核聚变能具备为人类提供高效能源的巨大潜力。未来，如果能够实现可控核聚变，以一升海水中提取出来的氘作为燃料发生完全核聚变，就可以产生相当于 300 升汽油燃烧时所释放的能量。

俗话说，万物生长靠太阳。太阳能仿佛取之不尽、用之不竭，但实际上太阳能也来自于核聚变。有科学家预测，20 年后，全球 50% 以上的能源将来自于太阳能。目前我们对太阳能的开发利用还仅仅是冰山一角，无论从环保角度还是从经济角度出发，太阳能的能量利用空间和清洁性都是无可替代的。

二、基因测序：为人类生存健康提供巨大潜力空间

基因测序是一种新型基因检测技术，能够从血液或唾液中分析测定基因全序列，从而为疾病预测、预防和治疗等提供科学依据。

目前，美国、中国、德国、英国、法国等 HGP（人类基因组计划）参与国家拥有的测序仪位居全球前列，这些国家拥有的测序仪数量约占全球测序仪数量的 85%。

人类基因组数据库将整合到临床上，锁定致癌基因，从而有效预防和治疗癌症。随着基因组产生的数据越来越庞大，科研人员、医生甚至普通百姓都将能更好地了解癌症发生及治疗手段。利用基因编辑工具、可穿戴设备以及药物基因组学产生的数据流来实现精准治疗，从而改善千百万人的健康水平。

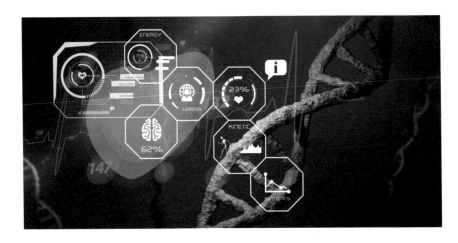

三、4D 打印技术：为人类繁衍生息提供"造物"帮助

4D 打印使用一种能够自动变形的材料。4D 打印过程只需特定的温湿度等条件，不需连接任何复杂的机电设备，就可按照产品设计自动折叠成相应的形状，它可以自动适应外部变化。

4D 打印技术彻底颠覆了传统的造物方式，具有全新的造物逻辑。传统的造物过程一般是先模拟后制造，或者一边建物一边调整模拟效果，而 4D 打印通过硬件与软件的紧密结合，把产品设计通过打印机嵌入可以变形的智能材料中，在特定时间或激活条件下，无需人为干预，也不用通电，便可按照事先的设计进行自我组装。

未来，4D 打印技术可以打印出纳米级的细胞，为人体内注入癌症疫苗。通过打印这些纳米级与人体细胞类似的药物细胞，将相对应的癌细胞病毒设置为介质触发源，然后将其注射到人体内。当这些 4D 打印的细胞在体内巡逻时，一旦遇到癌细胞就能触发变形，实现点对点的药物释放，从而将癌细胞病毒消灭，并随人体代谢排出体外。

四、区块链技术：为人类社会发展提供全新数字革命

区块链是分布式数据存储、点对点传输、共识机制、加密算法等计算机技术的新型应用模式。具体而言，它是利用块链式数据结构来验证与存储数据、利用分布式节点共识算法来生成和更新数据、利用

密码学的方式保证数据传输和访问的安全、利用由自动化脚本代码组成的智能合约来编程和操作数据的一种全新的分布式基础架构与计算范式。

区块链是一种保护措施，能够保证数据的安全性，保护数据不被篡改或者伪造。可以设想，区块链技术的广泛应用，必然带来人类社会一场新的数字革命。

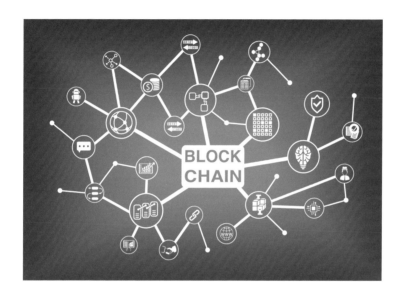

 第三节　警惕随时高悬的达摩克利斯之剑——必须正视人工智能可能带来的危害

达摩克利斯是公元前 4 世纪意大利叙拉古的僭主狄奥尼修斯二世的朝臣。他对狄奥尼修斯奉承道：作为一个拥有权力和威信的伟人，您实在很幸运。狄奥尼修斯提议与他交换一天的身份，那他就可以尝试到做君主的滋味。在晚上举行的宴会上，达摩克利斯非常享受成为

君主的感觉。当晚宴快结束的时候，他突然抬头发现王位上方仅用一根马鬃悬挂着的利剑。他马上失去了对美食和美女的兴趣，他再也不认为作为君主是一件多么幸运的事情。

凡事有利必有弊，人工智能在给我们带来巨大好处的同时，也隐含着巨大的危害，对此，我们不得不正确认识并提早应对。

一、人工智能时代更加严峻的隐私保护问题

总的判断，在人工智能时代由于要实现人与环境的无缝连接，必然使得人在各个环节、各个方面的隐私信息存在巨大的泄露风险。

一是个人基本信息泄露风险。在无感识别的环境下，当一个人进入一个房间里，你的所有身份信息已经被周围的识别终端完全获取了，包括你的身份履历、财务信息、房产信息等。

二是行动轨迹泄露风险。在现今的城市里，各种监控设施可谓是天网恢恢、疏而不漏，再加上日益成熟的视觉识别技术，把各个视频监控信息集合起来，基本上可以勾画出一个人在目标区域内的整个行动踪迹。当汽车开过，智能识别系统可以准确地识别车号信息、车上人员身份、手机号码等。可以说，人的行动信息，无时无刻不尽在掌握中。

三是个人生活工作隐私泄露风险。相对于公共场合的行为泄露而言，这一类信息泄露可能后果更严重，人们非常私密的行为居然会暴露在众目睽睽之下。网上随便一搜攻破摄像头 IP 地址的软件，会出来很多产品，运用这些产品可以轻易攻破大多数的摄像头，甚至在摄像头关了的情况下，都有病毒软件可以远程开启摄像头。

四是虚拟空间行为泄露风险。相较于前面现实生活中的信息被人窃取而言，在虚拟空间泄密似乎更容易，也更让人防不胜防。我们用手机做的事情、发出的信息，我们在网络上浏览的页面、发表的言论甚至搜索的信息都在他人的窥探和监控之下。

人工智能时代，还有一片安全的净土吗？

二、由人工智能引发的伦理和法律思考

在机器人真正诞生之前，机器人科幻作家阿西莫夫就提出了机器人三大定律。在人工智能发展的历程中，人们都在思考相关的伦理和法律问题。近几年里，随着人工智能新高潮的兴起，人们对人工智能伦理和法律问题更加关注。2017 年 1 月，未来生命研究院（FLI）召开主题为"有益的人工智能"（Beneficial AI）的阿西洛马会议，与会各界人士共同达成了 23 条人工智能原则，这被视为是阿西莫夫三大定律的重要延伸。此后，美国电气和电子工程师协会（IEEE）发布了人工智能新的三项伦理标准，欧盟和经合组织（OECD）也呼吁并着手开展相关标准的研究制定工作。

人工智能引发的伦理和法律问题非常繁多而复杂，概括起来，我认为主要集中在以下三个环节。

第一个环节是在人工智能算法、程序、规则设定中避免留下恶的种子，也就是要从源头上保证人工智能不被邪恶势力控制。由于人工智能缺乏是非判断的价值观，它只会根据设定的规则行事，所以事前的规则设定是否合乎道德伦理和法律规章就显得非常重要。种下善的种子就会结出善的果子，种下恶的种子就会结出恶的果子。人工智能由好人设计掌控就是好的人工智能，由坏人设计掌握就会成为坏的人工智能。为此，我们必须从源头上保证人工智能的设计是符合道德和法律要求的，不要让杀人机器人、盗窃机器人、诈骗机器人等坏的人工智能出现。

第二个环节是在人工智能运行过程中的行为规范问题，这与人类在日常行为中面临的遵纪守法和纲常伦理问题一样，有时甚至会出现非常难以抉择的两难境地。

美国麻省理工学院（MIT）媒体实验室的研究人员针对类似无人驾驶等"机器智能"带来的道德难题，设计了一个名为"道德机制"的网页（http：//moralmachine.mit.edu/）。他们设计了在自动驾驶中可能发生的多种复杂情况，让网友们去做选择。车前方右侧斑马线上有一位老人和一条狗，左侧是一个石墩子。若车直行，老人和狗将会遇难，若向左侧开，驾驶员和副驾驶上的老人将会遇难。当然，你不能选择踩刹车，因为已经来不及了。

　　在人工智能时代，这样的问题随时随处都存在，这对人工智能的行为选择是一个重大的考验。为此，人们在设计人工智能的时候必须把它在运行中可能遇到的场景尽可能想得全面充分，并且提供合法合规的应对措施，这样才能最大限度地保证其行为尽可能科学合理。但无论如何，人工智能都很难应对像上面那样的两难问题，哪怕是高明的人类。

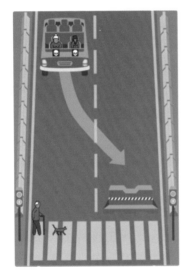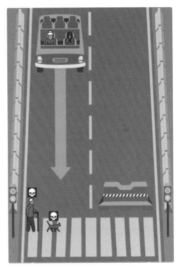

无人驾驶汽车也会面临的两难选择

　　第三个环节是在人工智能造成事故危害后的责任判定问题，也就是说人工智能捅的娄子到底该由谁来承担责任必须事前明确，否则就容易出现推诿扯皮、无人担责或者无力担责等问题。举例来说，如果一个人乘坐的无人驾驶汽车没有接收到红灯信号，乘客也没有人工干预制动，发生了车祸事故，责任到底该由谁承担？这个问题比较复杂，涉及汽车制造商在制造汽车时是否有功能缺陷，汽车运营企业在管理中是否不到位，交通信号灯是否存在故障，以及当事人本人的应急行为是否妥当等。为此，必须事先明确涉事各方的权利义务，这样才能够根据事故的调查结果作出明晰的责任划分。在人工智能的世界里，最大的区别在于，机器没有义务和能力承担责任，所以我们必须提前把各相关方的责任划分清楚。

三、人工智能对人类带来的挤压效应

人工智能对人的影响是多方面的，至少包括以下三个方面：

一是人工智能的发达会导致人类的一些功能退化。机械化导致人类的体能退化，人类从彪悍刚猛进化得越来越娇弱文静；信息化导致人类的一些智力退化，现在很多人由于天天用电脑，有事就上网搜索，变得不会写字、不会算数，脑子里也不记东西，连父母的电话都记不住。可以预想，在人工智能时代，人们的吃穿住行高度智能化，自身的一些功能将会急剧退化，会以下技能的人可能会变得凤毛麟角，包括但不限于做饭、写一手像样的字、小件维修、手工制作等。

二是人工智能的兴起使得亲情进一步淡漠化。电话、网络的出现确实给人际交流带来了巨大的便利，但我们非但没有从中体会到亲情的拉近，反而愈发感觉到亲情的疏远。交流更容易了，但人们的交流更少了，电话、网络拉近了人与人的空间距离，但却拉开了人与人之间的情感距离。人与人之间最远的距离是我就在你的面前，你却在低头看微信、玩游戏。人们甚至开始怀念没有现代通信工具时代那种纯真的感情，人与人之间的温情。人们越来越意识到虚拟空间给人际交往、家庭亲情带来的阻碍。很多人整天迷恋虚拟空间、网络游戏不能自拔，脱离了人际社会，荒废了工作学业，耽误了美好生活，破坏了家庭关系，毁坏了性格和身体，真是贻害无穷。有调查显示，目前"00后"每天上网的时间接近3个小时，这其中大部分时间都用在了玩游戏、微信聊天等方面。人工智能时代是生活高度便捷的时代，却是亲情愈发寡淡的时代。

三是人工智能对人的工作和生活确实存在一些潜在威胁。一方面，确有一些人的工作会被人工智能替代，这些人的生存面临困难；另一

方面，人工智能对人类确有一些潜在的攻击性，主要是担心人工智能一旦被坏人操控，就会变成毫无是非观、毫无感情的杀人机器，能力超强的大规模杀人恶魔。

对于以上这些问题，我们既不能回避，也不可恐慌。我们应该从现在开始重视人工智能可能带来的危害，并且采取综合性措施提早应对。

四、人工智能时代会不会出现回归自然的新复古主义

深秋的早上，和煦的阳光照着深林里的茅屋，院子里的大公鸡在柴垛上哦哦啼鸣。陆逸仙轻轻推开屋门，大黄狗摇着尾巴围着主人又蹦又跳。她开始为丈夫和三个孩子准备好早餐，鸡蛋是散养在林子里的母鸡生的，蒸馒头用的面粉是今年新收割的麦子磨出的。吃完早餐，她开始教孩子们读书认字，背诵古文，练习毛笔字。先生孙释然赶着牛到地里耕种，晚上回家的时候顺便采些蘑菇。

没有电脑和iPad，没有网络和手机，甚至没有电视和电话，五年前，小两口辞掉在大城市里的工作，卖掉房子、车子，来到西安南郊的终南山，过着一种回归自然的山林生活。

据报道，目前生活在终南山的各种隐士大约有5000人，他们来自全国各地，过着一种与世隔绝、飘然隐逸的田园山居生活。

也许是厌倦了城市的生活，也许是看破了红尘的纷扰，也许是深刻体会到了现代生活带来的种种危害，一些人开始选择一种回归自然的朴实的生活方式。由于看到了电力短缺、发电污染、气候变暖等问题，世界各地人民倡议开展"地球一小时"活动，在每年三月最后一个星期六的当地时间晚上8点半熄灯一个小时。由于看到了电器设备以及沉迷网络带来的危害，人们推崇不插电生活方式，回归自然的生活方式，拉近家庭的亲情。由于看到汽车带来的拥堵、尾气排放等问题，很多城市的人们自发加入每月少开一天车的活动中来，既履行了公益责任，又能强身健体。

人工智能时代，会不会出现摆脱人工智能依赖，回归自然纯朴、天然绿色、温馨健康的生活方式呢？

为人工智能划边界立规矩
——人工智能领域的伦理规则枚举

人工智能有利有弊，有益有害，关键是要划好边界、立好规矩，这样才能使其趋利避害、扬长避短。围绕人工智能的伦理规则，各方面提出了一系列的要求。

一、人工智能发展的"23 条军规"——阿西洛马人工智能原则

2017 年 1 月，未来生命研究院（FLI）在美国加利福尼亚州的阿西洛马市召开主题为"有益的人工智能"（Beneficial AI）的会议。法律、伦理、哲学、经济、机器人、人工智能等众多学科和领域的专家，共同达成了 23 条人工智能原则，包括霍金、马斯克等在内的近四千名各界专家签署支持这些原则。阿西洛马人工智能原则是著名的阿西莫夫机器人三大法则的扩展版本，被称为人工智能发展的"23 条军规"，是目前国际社会对人工智能伦理相对系统的阐述，具有较大的影响力。它的核心原则包括：

1. 安全性：人工智能系统应当是安全的，且是可适用的和可实行的。

2. 故障透明：如果一个人工智能系统引起损害，应该有办法查明原因。

3. 审判透明：在司法裁决中，但凡涉及自主研制系统，都应提供一个有说服力的解释，并由一个有能力胜任的人员进行裁决。

4. 职责：高级人工智能系统的设计者和建设者，是人工智能使用、滥用和行为所产生的道德影响的参与者，他们有责任和机会塑造这些道德含义。

5. 价值观一致：应该设计高度自主的人工智能系统，以确保其目标和行为在整个运行过程中与人类价值观一致。

6. 人类价值观：人工智能系统的设计和运作应符合人类尊严、权利、

自由和文化多样性的理念。

7. 个人隐私：既然人工智能系统能分析和利用数据，人们应该有权利存取、管理和控制他们产生的数据。

8. 自由与隐私：人工智能在个人数据上的应用不能无理由剥夺人们实际或感知的自由。

9. 共享利益：人工智能技术应该尽可能地使更多人受益。

10. 共享繁荣：人工智能创造的经济繁荣应该广泛共享，造福全人类。

11. 人类控制：人类应该选择如何以及是否代表人工智能做决策，用来实现人为目标。

12. 非颠覆：高级人工智能系统被授予的权力，应尊重和改善健康社会所基于的社会和公民程序，而不是颠覆它。

13. 人工智能军备竞赛：应该避免使用致命自主武器的军备竞赛。

二、将人类福祉与人工智能优先考虑——IEEE 发布人工智能三项伦理标准

美国电气和电子工程师协会（IEEE）自称为"世界上最大的技术进步专业组织"。IEEE 在其发布的《伦理一致的设计：将人类福祉与人工智能和自主系统优先考虑的愿景》中提出了三项人工智能伦理标准。

第一个标准是"机器化系统、智能系统和自动系统的伦理推动标准"。这个标准探讨了"推动"，在人工智能世界里，它指的是影响人类行为的微妙行动。第二个标准是"自动和半自动系统的故障安全设计标准"。它包含自动技术，如果它们发生故障，可能会对人类造成危害。就目前而言，最明显的问题是自动驾驶汽车。

第三个标准是"道德化的人工智能和自动系统的福祉衡量标准"。它阐述了进步的人工智能技术如何有益于人类。

三、可信赖的人工智能应当有所为、有所不为——欧盟拟定人工智能道德标准草案

欧盟委员会在 2018 年 4 月发布欧洲人工智能方法（European

Approach on AI）之后，成立了人工智能高级专家小组，由 52 名来自学术界、工业界和民间社会的独立专家组成。这个高级专家小组研究拟定了人工智能道德准则草案。

草案认为，人工智能无疑是这个时代最具变革性的力量之一，必将改变社会结构，我们必须确保把人工智能的优势最大化，同时降低风险，因此需要以人为本的人工智能方法，人工智能的开发和使用不应被视为一种手段，应视为增加人类福祉的目标。"可信赖的人工智能"（Trustworthy AI）将成为人类的北极星。

草案指出，可信赖的人工智能有两个组成要素：一是应尊重基本权利、适用法规、核心原则和价值观，以确保"道德目的"（Ethical Purpose）；二是兼具技术强健性（Robust）和可靠性，因为即使有良好的意图，缺乏技术掌握也会造成无意的伤害。另外，人工智能技术必须足够稳健及强大，以对抗攻击，如果人工智能出现问题，应该要有"应急计划"（Fall-back Plan），例如在人工智能系统失败时，必须要求交还人类。

草案还提出了可信赖的人工智能不可为的行为，包括不应以任何方式伤害人类；不应限制人的自由，换句话说，人们不应该被人工智能驱动的机器征服或强迫；人工智能应该公平使用，不得歧视或诬蔑，等等。

第四节　机器不会吃人——人工智能推动产业结构升级和就业层级跃迁

机器吃人的恐慌已经发生不止一次两次了。

在蒸汽机、电气化时代，一些手工业工人担心机器会让他们失业，就开始破坏机器、抵制机器，但最后机器大生产不仅提高了效率，解放了工人的劳动，反而增加了社会总就业量。

　　有了汽车之后，很多人担心汽车会取代马车。英国甚至在此之前就专门出台了《红旗法案》，限制机动车的发展，保护马车的优先权，最后汽车确实在很大程度上取代了马车，很多养马、赶马的人失去了工作，但汽车却给大家带来了更舒适快捷的驾乘感受，并且带来了更多的就业机会。

　　火车出现后，有的人担心火车会让自己失业，清朝时我国刚有火车时，曾经发生过挑夫抵制围堵火车的事件。一百多年过去了，火车早已成为人们生活中离不开的交通工具，火车也不断更新换代，高铁、动车给我们带来快捷舒适的享受，也创造了大量的就业机会。

　　这次轮到人工智能了。虽然在一些领域，人工智能已经开始取代了一些就业，但我认为这只是局部性、阶段性的情形，从长远看，人工智能会像电力、网络一样推动产业结构升级，从而实现人的就业层级跃迁，也就是从简单低级的劳动向复杂高级的劳动跃迁。这不仅不会带来大量的失业，而且会让人们的工作更加轻松、更加体面。

一、人工智能推动产业结构升级

　　社会发展的历程伴随着产业结构的不断升级。举例来说，张勇进今年50岁，出生在西部山区一个偏远的农村家庭，家里世代务农，勇进从小发奋读书，初中毕业考上了县城的林业中专，毕业后分到木材加工厂做了一名技术员，凭着专业知识和勤奋努力，工作干得有声有色。20世纪90年代初，趁着下海热潮南下广东深圳，从家具厂的技术员干起，逐步接触销售和客户，后来自己办家具公司当董事长，现在事业干得红红火火。

　　张勇进的奋斗历程，实际上代表了社会产业结构的一个缩影。

　　按照联合国常用的分类方法，我们一般把产业结构分为三次产业：第一产业包括农业、林业、牧业和渔业（概称农业）；第二产业包括制造业、采掘业、建筑业和公共工程、水电油气、医药制造（概称工业）；第三产业包括商业、金融、交通运输、通讯、教育、服务业及其他非物质生产部门（概称服务业）。

　　在我国，1978年的时候第一二三产业占国民生产总值的比重分别为 47.9%、28.2% 和 23.9%，这是一个典型的金字塔结构，农业占了接近一半。而到了 2017 年，第一二三产业占国民生产总值的比重分别为 7.9%、40.5% 和 51.6%，产业结构比重整个来了个乾坤颠倒，形成了倒金字塔结构，服务业超过了农业和工业之和，多少年来稳居龙头老大的农业占比还不到一成（如下图所示）。

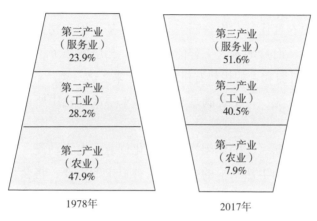

1978 年到 2017 年我国的产业结构变化对比图

展望未来，随着人工智能的广泛应用，一方面它会推动产业结构的进一步升级；另一方面，它会与人的劳动有机融合，不是替代人类，而是让人类的工作更加轻松和体面。

1. 人工智能将替代多数的农业和工业，在产业结构中农业和工业将合并为"智能作业型产业"

农业和工业由于有很强的重复操作性，所以很容易被机器替代。哪怕是在山区等复杂的地理环境下，虽然传统机器难以施展拳脚，但随着人工智能的发展，也会逐渐被机器耕种取代。一些在以往看来复杂，只能手工操作的工作，后续也会逐渐被人工智能取代。

传统农业和工业之所以被区分为两大产业，首先是它们的劳动方式截然不同，农业以人力劳动为主，而工业以机器生产为主，进入人工智能时代后，农业和工业都将会以机器生产为主，所以两者已经没有本质性的区别了。此外，以往农业和工业在三大产业中都占据着举足轻重的份额，所以三分天下它们能够各占有一席之地，而现在工业

和农业加起来都占不到一半的比重，特别是农业急剧下降到不足 10%
的水平，即便绝对量不断增加，今后也将愈发不能独立成为一种产业。

综合上述情况，工业和农业合并成为"智能作业型产业"将是大
势所趋。

2. 服务业将大幅扩容，并被细分为基本生存型服务业和休闲享乐
型服务业

传统的衣食住行、生养病老等与人的基本生存相关的服务行业不
仅不会消失，而且随着人工智能的应用，相应的服务工作会进一步人
机交融，把机器和人的优势有机地结合起来。这一类产业我称之为"基
本生存型服务业"，主要满足马斯洛需求层次理论中所说的生理需要
和安全需要。

近年来逐渐兴起的休闲娱乐、文化创意、电竞动漫、旅游健身等
产业，随着人们生活水平的提升和精神追求的需要，将会呈现出持续
增长的态势。在这些服务工作中，由于具有很强的思想性、创造性、
情绪性、身心体验性、个体差异性、人身依附性等特点，相关主体工
作很难被机器替代，机器只能起一些辅助作用。这一类产业我称之为"休
闲享乐型服务业"，主要满足马斯洛需求层次理论中所说的社交需要、
尊重需要和自我实现需要。

人工智能时代的产业结构图如下：

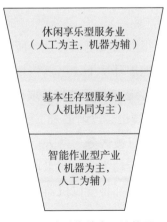

人工智能时代的产业结构图

人工智能时代的三大产业也是倒金字塔形的。各产业在绝对值上相较于现在可能都会有大幅度的增长，但在横向占比上会有明显的变化。工农业这些智能作业型产业并不占主体，基本生存型服务业进一步深化发展，居中间地位，而最有发展潜力的还是休闲享乐型服务业。

二、人工智能时代产业结构升级带来的就业层级跃迁

随着产业结构的升级变化，从事智能作业型产业的人员将会呈下降趋势；从事基本生存型服务业的人员一方面会被机器部分替代，另一方面伴随服务深化会对人员需求增加，在总量上可能会相对稳定；随着休闲享乐型服务业的蓬勃发展，这一产业的从业人员将会大规模持续增长。

如下图所示，人们的就业领域将呈现一种自下而上跃迁的流动趋势：在智能作业型产业中溢出的从业人员，一部分将从事基本生存型服务业的工作，基本生存型服务业中的部分从业人员由于职业技能的提升，会从事更高级的休闲享乐型服务工作，此外，也有少数原本从事智能作业型工作的人员，通过职业技能的大幅提升，直接从事休闲享乐型服务工作。

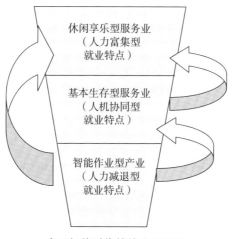

人工智能时代的就业跃迁图

如此看来，人工智能时代并不会让很多人失业，只要大家愿意学习，增长本领，会有更多更好的工作提供给大家。到那时，全社会的工作时长可能进一步缩短，工作强度进一步下降，工作会更加体面和有意思，在玩中干、在干中学将是一种普遍的状态。

下面重点举例阐述人工智能时代我国基本生存型服务业和休闲享乐型服务业的就业趋势。

1. 基本生存型服务业依然大有潜力

我国人口众多，而且未富先老，所以在围绕生、养、病、老等民生领域的服务欠账比较多，要满足人们日益增长的需求，还有很多服务潜力可挖。

小孩出生需要护理，月嫂、育儿嫂随之兴起，但真正符合要求、持证上岗的少之又少，业内估计这类母婴护理人员缺口至少为800万人。

小孩三岁一般需要上幼儿园，幼儿园不属于义务教育，社会办学力量不足，缺口不小。有人预计，未来几年，幼教缺口至少为300万人。这还是按照一个老师看十几个孩子的标准测算的。

小孩六岁上小学，然后是初中、高中。根据教育部的数据测算，2016年，我国小学、初中和高中的专任教师和在校学生比例分别为1：17.23、1：12.48和1：15.41。很多班上都是四五十个孩子，而在发达国家通常只有一二十个孩子。目前我国中小学专任教师1200余万人。如果要让孩子们有更好的教育环境，再增加1000万专任教师一点都不为过。

大家都有生病去医院看病的经历，对看病难、看病贵的问题深有体会，儿科医生缺、影像科医生缺、病理科医生缺、精神科医生缺，好像没有哪个科不缺医生，少则缺几万人，多则一二十万人，加起来至少缺200万人。

医生缺，护士更缺。根据国家卫生健康委员会的数据，2017年底，中国注册护士总数超过380万人，每千人口护士数提高到2.74人，但这还远远不够，保守估计，护士至少还缺300万人。

即便不生病，家务也需要料理，目前，持证上岗的专业家政人员严重匮乏。有人估计，我国的家政人员缺口在千万级别。

当我们老了以后，养老护理才是最棘手的问题。这方面的缺口也在千万级别，而且今后的矛盾会越来越突出。

粗粗一算，要满足人民更高质量的基本生存服务需要，上述几个领域的人员缺口至少在四五千万人，即使人工智能替代一半的工作，也还是有一定的就业空间的。

2. 休闲享乐型服务业将会大有作为

这一趋势现在已经初露端倪。"00后"理想的职业中排在第一位的就是娱乐业。网络主播、职业游戏玩家逐渐成了众人追捧的职业。未来，随着人们生活水平的提升、生活价值观的转换，还会有很多新的职业大行其道，这些非标准化的工作很难被人工智能替代，或者人工智能只能发挥辅助作用。

——"脑洞大开"型的职业会大行其道。动漫创作、涂鸦作品、创意设计、段子写手等行业将大受欢迎，这些工作有赖于创作者的灵感，不是按部就班的程序性工作，很难被人工智能替代。

——"心灵鸡汤"型的职业会大行其道。职业辅导、心理咨询、感情顾问等方面的需求逐渐增多，这些思想、情感方面的工作是人类最擅长的，机器则显得无能为力，因此很难被人工智能替代。

——"吃喝玩乐"型的职业会大行其道。美食评论、旅游陪伴、陪打游戏、唱歌跳舞这些享乐型工作只有人类自己才能体会到其中的乐趣，这些很难被人工智能替代。连打游戏都有世界杯了，我们还有什么理由不对吃喝玩乐的职业充满憧憬。

——"臭美显摆"的职业会越来越吃香。网络主播、网红成为青年人崇拜的偶像。有人预计，到2020年，网络直播市场规模将达到600亿元。把自己的生活分享给大家，教大家如何更加美丽，搞笑逗乐图开心，给大家的生活带来快乐，鲜活的生活更有感染力，这些工作也很难被人工智能替代。

——"能讲故事"的职业会越来越吃香。我们特别崇拜那些摇唇鼓舌、能言善辩的人，今后，这些"能讲故事"的人将更有市场。我们需要这样的公关能手、培训导师、人际关系调解人员。他们的工作主要靠"三寸不烂之舌"，这些工作很难被人工智能替代。

——"强身健体"的职业会越来越吃香。如果说其他都是身外之物，那身体总是自己的。今后人们会越来越注意个人健康问题，营养保健师、健康咨询师、健身教练、按摩师等的作用愈发凸显。这类工作需要根据每个人的生理情况而相机抉择，因此很难被人工智能替代。

人工智能时代的生活将是更加丰富多彩的，以上只是粗浅的揣测，这可能只是冰山的一角，更多更好玩更惊艳的生活可能远远超乎我们目前的想象力。将来休闲享乐型服务业将是高度发达的，我们当中的多数人可能都将从事这样的工作，我们不但不会失业，反而会更享受未来的工作。

幸运大猜想
——人工智能时代最容易和最不容易被替代的职业

面向人工智能时代，每个人可能都会暗自思量，到底哪些职业最容易被人工智能替代，哪些最不容易被替代呢？下面，就让我们展开大胆猜想吧。

一、最容易被人工智能替代的职业

1. 流水线工人

流水线作业通常是程序化、标准化的工作，而这些工作恰恰是机器最擅长之处。智能机器取代人工作业，效率会大大增加，精密度也会提高。

2. 销售店员

这几年逐渐流行的无人货架、无人超市，还有身边不断出现一些小店，实行顾客自助结算。随着科技的不断发展，传统商店的销售店员会不断减少。

3. 会计出纳人员

会计工作主要是搜集整理单据、信息并整理成报表，要求准确率高，这恰恰是人工智能最擅长的一个方面。普华永道等国际会计师事务所已推出了财务机器人的方案。

4. 银行柜员

银行柜员的工作是相对标准化的工作，数钱、存取款、汇款等工作是机器人的长项，手机银行、网上银行、自助机器甚至银行机器人已经在大规模应用中。

5. 前台

人工智能机器人前台会主动跟客人打招呼，可以带客户参观、前往指定地点，上下班巡逻，24小时在线，并且保持最佳状态，不怕苦不怕累。

6.快递小哥

虽然现在大街小巷到处都是快递小哥忙碌的身影，但是在快递行业已经深入试水智能作业了，在仓储、运送、分拣等环节已经大量使用机器人了，在终端的到家服务也开始引入机器人。在相关道路环境和技术问题逐渐解决后，机器人为您送货到家将是常事。

7. 客户服务人员

当您打电话或者在线咨询问题的时候，您可能没想到，为您提供服务的极有可能是一个机器人。他们在高度发达的声音、文字识别的基础上，通过完备的知识库，为您不知疲倦、热情周到地进行解答服务，在很多方面甚至超过了人类的水平。

8. 调酒师

调酒师可能无法迅速做出一杯指定的饮料，但是机器人调酒师却可以在几秒钟内将 300 种鸡尾酒中的任何一种完美制作完成，他们能够做出高度复杂的组合。

9. 翻译

许多人工智能企业都热衷于翻译软件的研究和开发，而随着翻译软件的功能逐渐强大，翻译的准确度也越来越高。目前，许多工作场合上，人工翻译已经逐渐被软件翻译所替代，人工翻译以后将逐渐成为软件翻译的补充。

10. 药剂师

药剂师是一个准确性要求极高的职业，如果稍有差错，极易带来严重危害。人类因为疲劳等因素，差错事故在所难免，而机器可以毫无疲倦和差错，因此药剂师被机器取代只是时间问题。

二、最不容易被人工智能替代的职业

1. 演艺人员

无论未来技术如何进步，人工智能如何完美，对人类而言，创造力、思考能力和审美能力都是无法被模仿和替代的。这是造物主与被造物之间最本质的差别。

2. 管理人员

领导力是无法被自动化的。管理人员需要设定策略，完成公司任务和目标，鼓舞团队，而这些是机器不能完成的。即使在制造业，许多工作因自动化而被取代，但管理人员仍然需要管理机器，并保持生产的平稳运行。

3. 医护人员

虽然在治疗病患方面，很多工作已经实现了自动化，但是机器依然无法替代人类所提供的服务，凡是涉及人际互动的医护工作，不会被替代。

4. 老师

目前数字学习平台获得了越来越多人的青睐，但是教学也是需要教师与学生进行沟通和互动，人工智能的程序化对于教师的取代是不能够完全做到的，高素质的老师在未来被取代的可能性不大。教师不仅需要教学生知识，而且需要教学生做人，人工智能也许做不到这一点。

5. 创意设计人员

计算机的优势在于结构化数据分析，但是在需要想象力的领域，如创意、设计等方面，还是有所欠缺。虽然有很多人工智能已经开始初步涉足设计领域，但未来的文化创意工作者还会大有市场。

6. 程序员

程序员很难被人工智能所替代，因为人工智能本身就是计算机学科的延伸，而它最核心的程序技术需要程序员去开发和维护。这也就意味着程序员在人工智能方面有着不可替代性，甚至可以说是人工智能的创造者。

7. 心理咨询师

心理咨询师通过对心理学、伦理学、社会科学、人文科学孜孜不倦的探索，练就了一身"降妖伏魔"的本领。他们是有思想有灵魂的人物，能够洗涤人的心灵。但机器人是没有情感的，它无法理解人的情绪。即使机器人的技术再完善，大数据分析得再透彻，其依然无法理解人的情绪。所以人工智能替代心理咨询师非常不现实。

8. 律师

律师的工作是基于社会公义、法律量刑和人情世故作出微妙的判断和平衡，不是通过计算可以生成的代码，法庭上的人性博弈更是机器无法触及的领域。律师需要有创造力、规划能力以及"跨领域"思考能力，而人工智能缺乏人类律师的创造性、灵活性和同理心。所以，律师在很长一段时间内不会被人工智能替代。

9. 工程师

工程师是一个泛称，他们几乎活跃在各行各业，他们的知识结构或许不需要广博但是一定要精通，需要有着几年甚至数十年的从业经验。工程师的不可替代性在于其有着丰富的工作经验和阅历，以及超强的自我学习和终身学习能力。这些是短时期内的人工智能根本不可能比拟的。实施人类大型工程和技术项目时，更注重的就是经验和灵感，人工智能很难做到这点。

10. 健身教练

如果所有脑力活动对于人工智能来说都可以有所涉足的话，那么和每个人身体密切相关的健身活动只能人类本身来实施。相对于机械、笨重的机器而言，活生生的人类健身教练肯定是最了解你也最能让你接受的。

第四章
人工智能：不经历风雨，怎能见彩虹

不经历风雨怎能见彩虹，没有谁能随随便便成功。

——歌曲《真心英雄》

失败不是成功之母，只有检讨才是成功之母。

——陈安之

历史经验证明，新技术的普及是加速发展的。

通常认为，1879 年，爱迪生发明了真正有实用价值的电灯。但 100 年以后，我还没见过电灯，那时我们整个乡都还没有通电，小朋友只见过煤油灯。大概在我上小学中年级的时候，乡上才有了电灯，有的老年人不知道拉灯绳关电灯，用嘴使劲吹也吹不灭，用蒲扇扇也扇不灭，留下了不少笑话，最让人痛心的是，时不时还有用电打鱼结果电死人的惨剧发生。

1886 年，德国人卡尔·本茨发明了第一辆真正意义上的汽车，获得了汽车制造专利权，但 100 年以后，很多偏远地区的小朋友还没有见过汽车。我国西藏的墨脱县，受客观条件制约，一直到 2013 年才通公路，才有汽车。

1990 年，互联网正式诞生。短短二十几年的时间后，当我现在再回到农村老家，上至耄耋老人，下至黄发顽童，无不知道互联网、微信，很多三岁小童玩得比我还熟练。

可以预见，人工智能在已经初露头角的背景下，一定能够快速发展，很快渗透到我们工作生活的各个方面。人工智能必将在未来社会里发挥举足轻重的作用。

从中国目前的情况来看，我们完全有理由看好人工智能的发展前景。首先，国家充分意识到人工智能的重要性，并且在政策规划上积极行动。2017 年 3 月，人工智能首次被写入政府工作报告；同年 7 月，国务院公布了《新一代人工智能发展规划》；10 月，人工智能写入党的十九大报告；12 月，工业和信息化部印发了《促进新一代人工智能产业发展三年行动计划》。其次，我国近年来在互联网、大数据等方面保持了较好的发展态势，BAT 的快速崛起，电子商务、移动支付等蓬勃兴起，为人工智能的发展奠定了一定的基础。最后，我们在人工智能技术研发、产融结合等方面取得了一定的成绩，在一些领域还有重大突破。我国在语音识别、视觉识别等方面技术有重要突破。与此同时，涌现了一批人工智能领域颇具代表性的高速成长企业。

我们也要辩证地看待人工智能的发展，虽然前途是光明的，但道路肯定是曲折的，肯定不会一帆风顺。以史为鉴，我们亲身经历过的互联网坎坷之路也许就可以昭示人工智能未来的发展道路并不平坦。

美国 2000 年的互联网泡沫暂且不说，仅我国就有不少鲜活的案例。1994 年 4 月 20 日，我国通过一根 64K 的国际专线，第一次接入国际互联网，标志着中国全功能接入互联网。大家还记得瀛海威和张树新吗？还记得 1996 年在北京中关村南大街入口处的那块巨大的广告牌吗？上面赫然写着：中国人离信息高速公路还有多远？向北 1500 米——瀛海威时空。

这句话在现在看来也许是一种夜郎自大的狂妄，是一种井底之蛙的狭隘，但是在当时很多人心里，互联网也许就是瀛海威那样的一些网站页面，这似乎可以让我们知道整个世界，这就是互联网。短短

20多年，我们对互联网的认知发生了翻天覆地的变化，互联网产业也经历了大浪淘沙式的历练，早已是今非昔比。SHE（Sina、Sohu、Netease）曾经是中国互联网的霸主，现在人们耳熟能详的却是BAT（Baidu、Alibaba、Tencent）。

谈起电子商务，大家现在首先肯定会想到阿里巴巴、马云，还有京东、刘强东。20年前，国内电子商务刚刚起步，那时还没有阿里巴巴和京东，8848独领风骚，王峻涛也被誉为"中国电子商务之父"，有人说他是马云学习的对象。但后来8848轰然倒下了，现在连域名都已经不保。现在的王峻涛，经营着一个叫做6688的网站，专注于农产品领域。

英雄别来无恙！曾经豪情万丈的王峻涛（网名"老榕"）就像他1997年为国足写下的《大连金州不相信眼泪》那样，不禁让人扼腕叹息。

还记得当年聪明帅气的邵亦波吗？据说马云对他评价颇高，说"邵亦波是个神童，是个天才，尤其在互联网电子商务这一块，我只不过是踩在天才的肩膀上才有今天的成功。"还记得当年知性优雅的谭海音吗？两个毕业于哈佛大学商学院的高才生，创办了易趣网（eachnet），堪称中国的易贝（eBay）。而现在，易贝还是那个易贝，而易趣早已不是原来的易趣。

人工智能，前进的道路依然漫长，不仅充满了鲜花和掌声，可能还布满了荆棘和坎坷。且行且珍惜！

 第一节　人工智能技术——明明白白我的"芯"

历次技术变革的经验证明，技术和资本是驱动产业变革的两个轮子。人工智能也不例外。

科学技术是第一生产力，关键核心技术是国之重器。正如习近平总书记指出的那样，核心技术是我们最大的"命门"。世界十大互联网公司中，中国占了 4 席，但在十大芯片厂商排名中，几乎看不到中国企业的影子。在人工智能发展过程中，我们在应用层面下的功夫和取得的成绩可能都远大于核心技术层面。俗话说，基础不牢，地动山摇。核心技术的基础没有打牢，表面文章做得再华丽，都难以长久繁荣，一旦风浪起，立马不堪一击。

一、你知道我的"芯"有多痛？

前段时间的中兴事件让中国人自感如梦初醒，仿佛被人迎头痛击。其实，我们在核心技术方面受人制约制裁的案例已经远不止一起两起了。伤心的事总是一次次被提起，伤疤总是一次次被揭开。为什么受伤的总是我？因为我的内"芯"太脆弱。

美国、日本、韩国等国家的企业在芯片市场占据绝对的垄断地位。英特尔（Intel）自 1993 年发布针对个人电脑的奔腾（Pentium）处理器以来，稳坐全球第一大芯片制造商的宝座长达 25 年，2017 年收入近 700 亿美元。据统计，2017 年全球芯片产值近 4000 亿美元，但其中近 50% 的销售额被前十大芯片制造商瓜分。据称，中国每年用于进口芯片的花费高达 2000 多亿美元（超过人民币 1.3 万亿元），已超过了进口石油的花费，超过了军费开支，95% 以上的高端芯片依靠进口。这些数据固然值得推敲，但反映的趋势却令人触目惊心。

核心技术掌握在别人手里就相当于被别人卡着脖子，好比在别人的地基上盖房子，难免受制于人。寄人篱下难免看人脸色，受制于人难免被人摆布，被人牵制难免受人欺负。

弱者没有尊严，落后就要挨打。核心技术缺失，必然带来很多痛点：一是供应得不到保障，完全听天由命，仰人鼻息，看人脸色。二是核心技术掠走绝大部分利润，以苹果智能手机为例，净利润在 50% 以上，但我们代工的利润只有不到 5%，可怜了工人们的血汗。三是数据安全没有保障，我们现在硬件设备通常使用 IBM 的产品，数据库通常用 Oracle 的产品，存储设备通常用 EMC 的产品，网络设备通常用 Cisco 的产品。在这样的环境下所有的设备都难保没有后门，别人看不看我们的数据就看人家的需要和喜好，我们的一举一动都在别人的监视和掌控之中。

正所谓亡羊补牢，未为晚也，但愿中兴事件能够唤起现中国芯片事业的中兴。

二、"芯"痛之后更要痛定思痛

不能好了伤疤忘了疼，我们在核心技术上受人掌控而饱受折磨的事件不止一次，躲得过初一不一定能躲过十五，不要有侥幸心理。

光靠嘴巴赢不了官司，打赢了嘴巴仗也打不赢技术仗。凭嘴巴要能战胜对手，谁还埋头苦干。十几亿人的口水也换不来一块小小的芯片。

吹不出来核心竞争力，牛皮吹得再大也不如用实力来说话。不能妄自尊大，强大的自尊心不能掩盖实力的缺陷，应用层面的成绩掩盖不了底层核心技术的危机。

国际竞争不相信眼泪，唯有自身强大才能赢得尊严。我们不能博同情，跪求得来的东西不长久，自己的命运要掌握在自己手里。

在别人的地基上盖房子，楼越高风险越大。核心技术受制于人迟早会被卡脖子，靠化缘是化不来的，有钱也不是万能的。

投机取巧之风不可长，投机主义让人误入歧途，科学没有捷径，没有人随随便便就能成功，靠抄作业、耍小聪明赢得了一时一事却耽误了长远大计。

学习借鉴很重要，但一味模仿没有出路，改良主义不能长久，中国的明天不见得是美国的今天，中国的今天也并不是美国的昨天，不能用美国的昨天来装点我们的今天。

光做表面文章不可取，实用主义不一定管用，再华丽的表面应用都必须有稳定可靠的底层核心技术支撑，否则很容易被人过河拆桥、上房抽梯、釜底抽薪。

知耻而后勇，背水一战方能绝处逢生。一场芯片战让我们如梦方醒，打破了一片浮华的幻想，打破了对竞争对手的幻想，让我们看到了差距，看到了紧迫感。好比在关键时刻被人背后一击，一盆冷水浇醒。这也许并不是坏事！

三、"芯"痛不如行动

2001 年，时任全国人大常委会委员，中国科学院主席团成员、院士、微电子中心学术委员会主任吴德馨就曾直言不讳地指出："目前我国信息行业大部分是装配业，其中的微电子芯片几乎全部依赖进口。没有自己的芯片，我国的整机业就等于建在沙滩上。"她打比方说："作为信息产业核心的微电子芯片，好比人的心脏，我们的整机都安装了人家的心脏起搏器，人家一旦关掉，我们的心脏就要停止跳动。"

多少年来，我们电子设备、光纤通信、数控机床、网络安全等行业呼唤"中国芯"的呼声不绝于耳。但口号喊得震天响，也不如脚踏实地去行动。

一是要力戒浮躁，要有静心。清华大学原副校长、现西湖大学校长施一公曾经表示："清华 70% 至 80% 的高考状元去哪儿了？去了经济管理学院。连我最好的学生，我最想培养的学生都告诉我说，老师我想去金融公司。"这话可能有些夸张，但的确反映了当前社会以快钱为先的价值观。在风投盛行的时代，如果随便写几页 PPT 就可以圈来大笔大笔的钱，还会有几个青年才俊愿意投身枯燥而又清贫的基础研究行业。2016 年，券商中国记者统计，2000 多家 A 股上市企业中763 家上半年利润不到 1500 万元，还不如北京、上海一套房的价值。在这样的情形下，还有多少企业愿意扎根见效慢、回报低的基础产业。

二是要力戒短视，要有恒心。芯片科研难度、制造工艺非常复杂，据说通常需要上千道工序，需要耐得住寂寞，忍得住清贫，吃得了苦头。不能心浮气躁、急功近利，要发扬长期吃苦、长期奋斗的精神。在 60年代国家经济并不发达、国际援助缺乏的背景下，我们攻下了原子弹、氢弹和人造地球卫星。现在的内外部环境条件比那个时候要好得多了，我们只要弘扬"两弹一星"的精神，就没有攻克不了的难关。

三是要上下同心，无往不胜。要正确处理政府和市场的关系，使市场在资源配置中起决定性作用，更好地发挥政府作用。政府要在基础设施建设、政策制定、行业管理等领域发挥主导作用。好比交通系统，基础设施建设就是修公路，政策制定就是制定交通规则，行业管理就是道路交通管理。企业要发挥好市场化配置资源的重要作用，要做产业发展的主人翁和领军人。2017 年 11 月 15 日，中国新一代人工智能发展规划暨重大科技项目启动会在北京召开，公布我国第一批国家人工智能开放创新平台，包括：依托百度公司建设自动驾驶国家新一代人工智能开放创新平台；依托阿里云公司建设城市大脑国家新一代人工智能开放创新平台；依托腾讯公司建设医疗影像国家新一代人工智能开放创新平台；依托科大讯飞公司建设智能语音国家新一代人工智能开放创新平台。这是在国家依托市场化平台开展重大科技项目攻关的有益尝试。

　　四是要兄弟同心，其利断金。我国的芯片行业总体太弱小，我国的芯片市场接近全球的三分之一，但自给率不到 15%。这就需要我们团结协作，共谋中国"芯"事业，要集中资源。芯片产业的特点是投资大、周期长，所以要集中资源办大事，努力形成规模效应。要集中智慧，发挥产学研集成效应。世界知识产权组织每年发布全球创新指数排行榜，在 2018 年的排行榜中，在全球 126 个经济体中，中国首次进入前 20 名。剖析那些排在前列的国家，除了高研发投入外，还有一个共同特点就是注重产学研结合。要集中人才，用事业激励人才，用待遇留住人才，呼唤有志于中国"芯"事业的拳拳赤子为祖国贡献力量。美国高新技术发达，是因为美国人比中国人聪明吗？不见得。是因为他们网罗了包括中华英才在内的世界各地优秀人才。

人工智能的"芯"在何处
——全球领先的芯片企业掠影

　　目前，全球芯片厂商仍主要以美国、日本、欧洲企业为主，高端市场几乎被这三大主力地区企业垄断。下面，让我们一起来了解全球知名的芯片企业。

一、英特尔

英特尔（Intel）1968 年创立于美国，是世界500强企业，微处理器、芯片组、板卡、系统及软件领域的科技巨擘。随着个人电脑的普及，英特尔公司成为世界上最大的设计和生产半导体的科技企业。为全球日

益发展的计算机工业提供建筑模块，包括微处理器、芯片组、板卡、系统及软件等。这些产品为标准计算机架构的组成部分。业界利用这些产品为最终用户设计制造出先进的计算机。英特尔公司致力于在客户机、服务器、网络通讯、互联网解决方案和互联网服务方面为日益兴起的全球互联网经济提供建筑模块。

二、高通

高通（Qualcomm）是一家美国的无线电通信技术研发公司，成立于1985 年 7 月，总部位于美国加利福尼

亚州圣迭戈市。高通公司在以技术创新推动无线通讯向前发展方面扮演着重要的角色，它发明的基础科技改变了世界连接与沟通的方式，通过把手机连接到互联网，开启了移动互联时代。有了 3G、4G 时代 CDMA 技术的成功经验后，高通意识到新一轮蜂窝技术的变革将激发万物智能互联，已经全面布局 5G 时代的竞争。此外，高通还在智能互联汽车、远程健康医疗服务和物联网等领域寻求全新机遇。

三、英伟达

英伟达（NVIDIA）创位于 1993 年，是全球视觉计算技术的行业领袖及GPU（图形处理器）的发明者和领导者，专注于以设计智核芯片组为主、3D 眼镜等为辅的科技企业。

1999 年，英伟达公司发明了 GPU，让全世界重新认识了计算机图形的威力。自那时起，英伟达不断为视觉计算树立全新标准，其令人叹为观止的交互式图形产品可广泛用于从平板电脑和便携式媒体播放器到笔记本与工作站等各种设备之上。英伟达在可编程 GPU 方面拥有先进的专业技术，在并行处理方面实现了诸多突破，从而使低价超级计算机得到普及使用。公司拥有 1800 多项美国专利，其中涵盖了关乎现代计算之根本的诸多设计与深刻见解。

凭借具备识别、标记功能的图像处理器，在人工智能还未全面兴起之前，英伟达就先一步掌控了这一时机。除了研发芯片，英伟达还发布了多个用于不同领域的硬件和平台，进一步扩大了自己的人工智能布局。

四、AMD

超威半导体产品有限公司（AMD）1969 年始创于美国，2006 年收购芯片巨头 ATI 公司，2010 年正式弃用 ATI 标志。

AMD 公司专门为计算机、通信和消费电子行业设计和制造各种创新的微处理器（CPU、GPU、APU、主板芯片组、电视卡芯片等）、闪存和低功率处理器解决方案，AMD 致力为技术用户（包括企业、政府机构和个人消费者）提供标准的、以客户为中心的解决方案。AMD 是目前业内唯一一个可以提供高性能 CPU、高性能独立显卡 GPU、主板芯片组三大组件的半导体公司。

五、德州仪器

德州仪器（TI）1930 年成立于美国。它是世界上最大的模拟电路技术部件制造商，全球领先的半导体跨国公司，以开发、制造、销售半导体和

计算机技术闻名于世，主要从事创新型数字信号处理与模拟电路方面的研究、制造和销售。除半导体业务外，还提供包括传感与控制、教育产品和数字光源处理解决方案。德州仪器（TI）总部位于美国得克萨斯州达拉斯市，并在 25 多个国家设有制造、设计或销售机构。

六、ARM

英国 ARM（安谋科技）公司是全球领先的半导体知识产权（IP）提供商。全球 85% 的智能移动设备中都采取了 ARM 架构，其中，超过 95% 的智能手机运用了 ARM 的处理器，在智能硬件和物联网高速发展的今天，ARM 有着绝对的领先地位。ARM 所授权的芯片主要都用在了

移动计算、智能汽车、安全系统和物联网。在智能汽车领域，包括英伟达、高通在内都是基于 ARM 设计开发了面向驾驶辅助系统的超级计算机。2016 年 7 月 18 日，日本软银同意以 234 亿英镑（约合 310 亿美元）的价格收购 ARM。软银认为，凭借这笔收购，ARM 将让软银成为下一个潜力巨大的科技市场（即物联网）的领导者。

七、IBM

百年巨人 IBM，在很早以前就发布过 Watson（认知计算系统的杰出代表，也是一个技术平台）。2017 年，IBM 携手美国空军，投入类人脑芯片的研发中，那就是

TrueNorth。这款芯片只有邮票大小，重量只有几克，但却集成了 54 亿个硅晶体管，内置了 4096 个内核、100 万个"神经元"、2.56 亿个"突触"，能力相当于一台超级计算机，功耗却只有 65 毫瓦。

这种芯片把数字处理器当作神经元，把内存作为突触，跟传统冯·诺依曼结构不一样，它的内存、CPU 和通信部件是完全集成在一起的。因此，信息的处理完全在本地进行，而且由于本地处理的数据量并不大，

传统计算机内存与 CPU 之间的瓶颈不复存在了。同时，神经元之间可以方便快捷地相互沟通，只要接收到其他神经元发过来的脉冲（动作电位），这些神经元就会同时做动作。

八、谷歌

谷歌的人工智能相关芯片是 TPU，也就是 Tensor Processing Unit。TPU 是专门为机器学习应用而设计的专用芯片。通过降低芯片的计算精度，减少实现每

个计算操作所需的晶体管数量，从而能让芯片的每秒运行的操作个数更高，这样经过精细调优的机器学习模型就能在芯片上运行得更快，进而更快地让用户得到更智能的结果。Google 将 TPU 加速器芯片嵌入电路板中，利用已有的硬盘 PCI-E 接口接入数据中心服务器中。

九、微软

作为 PC 时代操作系统的霸主，在人工智能时代微软也毫不示弱。经过六年蛰伏，微软打造出了一个迎接

人工智能时代的芯片，那就是 Project Catapult，目前已支持微软 Bing，未来它们将会驱动基于深度神经网络（以人类大脑结构为基础建模的人工智能）的新搜索算法，在执行这个人工智能的几个命令时，速度比普通芯片快上几个数量级。有了它，你的计算机屏幕只会空屏 23 毫秒而不是 4 秒。

十、中星微

在极度依赖国外进口的我国芯片产业中，中星微可谓一匹突出重围的"黑马"。2016 年 6 月，中星微率先推出了中国首款

嵌入式神经网络处理器（NPU）芯片——"星光智能一号"，这也是

全球首枚具备深度学习人工智能的嵌入式视频采集压缩编码系统级芯片，并已于2016年3月6日实现了量产。该芯片采用了"数据驱动"并行计算的架构，单颗NPU（28纳米）能耗仅为400毫瓦，极大地提升了计算能力与功耗的比例，可以广泛应用于智能驾驶辅助、无人机、机器人等嵌入式机器视觉领域。

第二节　人工智能——资本盛宴中的冷思考

一、不说不知道，说出来吓一跳——推动技术革新的发明家其实更是资本高手

推动技术变革的除了技术本身外，资本是重要的推手。从工业革命的发展历程可以看出资本运作和企业化管理的重要性。

大家都知道蒸汽机是瓦特发明的，但实际上在瓦特之前已经有人发明了蒸汽机，甚至在很早以前就有了蒸汽机的雏形，在北京汽车博物馆展出了最早的蒸汽车，其实就是运用了蒸汽机的原理。这些早期的"蒸汽机"为什么没有流行起来？关键是人们没有认识到它的划时代作用，并进行商业化运作。直到一个叫瓦特的人的出现，才使蒸汽机这样一个有着悠久历史的玩意儿变成了一种生产工具，成为推动第一次工业革命的重要力量。瓦特只是对蒸汽机进行了改良，他更重要的是申请了专利，并且应用在工业生产中。我们与其说瓦特是一个科学家，不如说他是一个企业家，他具有企业家的经营头脑，成为改变历史的人物。

大家也经常津津乐道于爱迪生经过上千次试验后发明了电灯，我们无从考证爱迪生到底经过了多少次试验，但实际上在爱迪生之前已经有多人发明了电灯，而且还有人申请了专利，后来爱迪生从他人手里买来了专利，并且注册了公司，这个公司几经演变就是后来赫赫有

名影响世界一百多年的通用电气公司（GE）。爱迪生不愧是一位全能的、高产的"发明家"，他一生获得了上千项专利，我们完全有常识、有理由相信，很多专利都是爱迪生组织他的团队集体创作形成的，或者通过购买、改造等方式形成的。我们都知道爱迪生是伟大的发明家，但他更是一位伟大的商人、企业家，他综合运用科技慧眼、专利保护、资本运作、企业经营等举措，推动了电力革命，也就是第二次工业革命。

有人说网络是第三次工业革命。关于互联网的发明起源还存在一定的争议，但主流的观点认为，欧洲核研究所的研究员博纳斯·李1990年最早发明了万维网，他当初并没有申请专利，而是供大家公开使用，如果不是他的无私，这一技术可能还只停留在少数技术人员之间传输数据使用。芬兰技术基金会为感谢他的贡献，还奖励了他100万欧元。互联网的快速兴起，还要归功于谷歌、雅虎、亚马逊、eBAY等企业的贡献，在中国则是新浪、搜狐、网易等，在短短一二十年内其飞入寻常百姓家，成为大家生活中不可缺少的部分。

二、资本还在重复着昨天烧钱的故事，但这张旧船票可能登不上明天人工智能的客船

也许有人会说今天的共享经济太过疯狂，是在烧钱抢市场。通过抢优惠券，可以只花一元钱就享受共享单车包月服务，可以只花几元钱就打一辆专车，等等。也许你没有经历过第一波互联网的疯狂，那时候，我们一分钱不花就可以看演唱会，只要随随便便注册一个邮箱就可以获得赠品，甚至还有冰淇淋，一件不得不说的我亲身经历过的趣事。在2000年前后，也就是美国互联网泡沫破灭、纳斯达克指数一路狂泄的时候，正值国内互联网事业疯狂发展，我正在读研究生，每次经过信箱的时候总是看见信箱里塞满了各个互联网企业的邀请函、赠品券等，班级信箱里放不下，撒得满地都是。有一次一家公司发放冰淇淋赠券，我和同宿舍的一个同学捡了一大摞冰淇淋赠券，我俩在超市里一个接一个地吃着可爱多，吃得都快吐了，以至于以后见到冰淇淋再也不感兴趣。那后来呢，大家可能都知道，中国的互联网产业经历了大浪淘沙式的淘汰更迭，初创期的泡沫挤破后，总归会回到理性的发展轨道上来。

一些公司近几年对人工智能领域的风险投资情有独钟。根据麦肯锡发布的报告，2016年，美国公司占了所有人工智能投资的66%。中国公司占了17%，排在第二，且增长迅速。但实事求是地说，现在对人工智能的投资还很不成熟不理性，很多公司在很大程度上是在讲故事圈钱。问题体现在几个方面：一是泛人工智能化，只要是带电的、联网的恨不得都穿上人工智能的马甲。二是夸大人工智能的功效，牛皮吹得满天飞，号称人工智能无所不能，实际上只是个噱头，是在炒作概念。三是追求短期效应，总想一夜暴富，上午栽树下午就想乘凉，没有长远战略眼光，投资都扎堆在Pre-IPO（上市前夕）。四是玩击鼓传花的资本游戏，故事讲得天花乱坠，就是见不到业务成效和经济效益。不是脚踏实地干实事，而是想着怎么讲故事圈钱，怎么空手套白狼。人工智能浮华的背后暗流涌动，潜藏着很大风险，气球吹得最大的时候可能就是行将破裂的时候。

今天的人工智能很像20年前的互联网，泡沫终会破灭，目前已经露出迹象，据说现在90%以上的所谓人工智能项目都是不赚钱的。李开复曾表示"AI项目确实贵了，泡沫是存在的"，他认为2018年是人工智能泡沫开始破裂的时候。挤挤泡沫是为了更好地发展，早破裂比晚破裂好，正如2000年前后互联网泡沫破裂，才带来后来的健康发展。但愿人工智能的资本盛宴结束后，留下的不光是满地狼藉，泡沫破裂之后，留下的不光是声声叹息。

三、让看得见的手和看不见的手紧握一起，合力画出大大的同心圆

政府是看得见的手，市场是看不见的手，只有两方面携起手来，才能够在人工智能发展中更好地发挥资本的力量。

政府关键是要在基础性、公益性、方向性等领域发挥主导作用，避免企业的逐利性、短期性行为，特别是在基础设施建设、产业引导等方面要更好地发挥政府的作用。在基础设施投资方面，我认为当前最重要的就是 5G 网络建设，这好比人工智能时代的高速公路。5G 网络作为第五代移动通信网络，其峰值理论传输速度可达到数十 Gb 每秒，这比 4G 网络的传输速度快数百倍，一部超高画质的电影可在 1 秒钟内下载完成。在工业和信息化部主导下，电信科研机构、运营商、华为等在技术研发、标准拟定等方面做了大量工作，要力争在 5G 时代拥有相应的话语权。在产业引导方面，除了颁布政策外，要充分利用好政府出资产业基金的引导和杠杆作用。2014 年 9 月 24 日国家集成电路产业投资基金正式设立，重点投资集成电路芯片制造业，兼顾芯片设计、封装测试、设备和材料等产业，实施市场化运作、专业化管理，由财政部、国开金融有限责任公司等发起设立，初期规模 1200 亿元，是芯片产业基金中名副其实的"国家队"。从公开的数据来看，截至 2017 年底，大基金累计有效决策投资 67 个项目，累计项目承诺投资额 1188 亿元，实际出资 818 亿元，分别占一期募资总额的 86% 和 61%。芯片投资周期长、见效慢，由政府出资来引导不乏是一种有益的尝试。

企业是市场的主体，有着天然的逐利性。马克思在《资本论》中说过，为了 100% 的利润，资本就敢践踏一切人间法律；有 300% 的利润，它就敢犯任何罪行，甚至绞首的危险。在短期内资本的不理性是不可避免的，这也不难理解在人工智能领域当前出现的一些泡沫。但与此同时，经济学原理也告诉我们，资本会从利润率低的行业向利润率高的行业流动，最后会朝着社会平均利润率趋近。在市场这个看不见的手的作用下，资本会逐渐趋于理性。经过市场的洗礼后，人工智能资本投资完全有望回归到理性的道路上来，在这个过程中，各方面都需要加以规范和引导。

人工智能哪家强
——探寻最有可能登陆科创板的人工智能潜力股

2018 年 11 月 5 日，国家主席习近平在首届中国国际进口博览会开幕式上宣布，将在上海证券交易所设立科创板并试点注册制。科创板将重点关注人工智能、生物科技、新材料等高科技创新型企业。消息一出，很多企业都摩拳擦掌、跃跃欲试。

一、寒武纪科技

寒武纪科技于 2016 年在北京成立，创始人是中科院计算所的陈天石、陈云霁兄弟。寒武纪专注于打造各类智能云服务器、智能终端以及智能机器人的核心处理器芯片，让机器更好地理解和服务人类。

在 2016 年推出的"寒武纪 1A"处理器是世界首款终端人工智能专用处理器，已应用于数千万智能手机中，入选了第三届世界互联网大会评选的十五项"世界互联网领先科技成果"。公司在 2018 年推出的 MLU100 机器学习处理器芯片，运行主流智能算法时性能功耗比全面超越 CPU 和 GPU。

二、商汤科技

商汤科技为科技部授予的国家新一代人工智能"智能视觉"开放创新平台（其他四个国家人工智能平台分别为百度、阿里云、腾讯、科大讯飞）。商汤科技专注于计算机视觉和深度学习的原创技术。商汤科技以"坚持原创，让人工智能引领人类进步"为使命，建立并打造了全球领先、自主研发的深度学习平台和超算中心，并研发了一系列人工智能技术，包括人脸识别、图像识别、文本识别、医疗影像识别、视频分析、无人驾驶和遥感等。因此，商汤科技成为中国知名的人工智能算法提供商。

商汤科技涵盖智慧城市、智能手机、互动娱乐及广告、汽车、金融、零售、教育、地产等多个行业。目前，商汤科技已与国内外 700 多家世界知名的公司和机构建立合作，包括美国麻省理工学院、高通、英伟达、本田、阿里巴巴、苏宁、中国移动、银联、万达、华为、小米、OPPO、Vivo 等。

三、深兰科技

深兰科技致力于人工智能基础研究和应用开发，人工智能产业链智能软件输出及自主硬件设计和制造。依托自主知识产权的深度学习架构、机器视觉、生物智能识别等人工智能算法，深兰科技已在智能驾驶及整车制造、智能机器人、AI CITY、生物智能、零售升级、智能语音、安防、芯片、教育等领域广泛布局。

与此同时，深兰科技已在亚洲、欧洲、美洲、大洋洲、非洲等多地设立区域总部、分支研发机构或国际销售网络。与包括英特尔在内的六家世界级人工智能企业建立了人工智能、AIoT 智联网、人机交互、人工智能芯片等相关领域的联合实验室，共同构筑了全球性的研发科研体系。2017 年发布了市场公认的超越 Amazon Go 的 Take Go 人工智能无人店技术，2018 年发布了全球第一款自动驾驶功能性商用车。

四、旷视科技

旷视科技成立于 2011 年 10 月，以深度学习和物联传感技术为核心，立足于自有原创深度学习算法引擎 Brain++，布局金融安全、城市安防、手机 AR、商业物联、工业机器人五大核心行业，致力于为企业级用户提供全球领先的人工智能产品和行业解决方案。旷视的核心人脸识别技术 Face++ 曾被美国著名科技评论杂志《麻省理工科技评论》评定为 2017 年全球十大前沿科技，同时公司入榜全球最聪明公司排行榜，位列第 11 名。

旷视科技研发的人脸识别技术、图像识别技术、智能视频云产品、智能传感器产品、智能机器人产品已经广泛应用于金融、手机、安防、物流、零售等领域，拥有上千家核心客户，其中包含阿里巴巴、蚂蚁金服、富士康、联想、凯德、华润、中信银行等众多行业级头部企业。

五、依图科技

依图科技成立于 2012 年，公司核心业务包括智能安防平台、智慧健康医疗、城市数据大

脑、智能硬件设备等。依图科技参与人工智能领域的基础性科学研究，致力于全面解决机器看、听、理解的根本问题，在计算机视觉、自然语言理解、知识推理、智能硬件、机器人等技术领域作出突破性贡献。依图的技术已经服务于安防、金融、交通、医疗等多个行业。它是目前国内唯一拥有 10 亿级人像库比对能力的公司，搭建了全球最大的人像系统，覆盖超过 15 亿人像。

六、云知声

云知声成立于 2012 年，聚焦物联网领域的人工智能服务，拥有完全自主知识产权、世界顶尖的智能语音识别和相关人工智

能技术。云知声的愿景是"智享未来"，自成立以来，云知声利用机器学习平台，在语音技术、语言技术、知识计算、大数据分析等领域建立了领先的核心技术体系，这些技术共同构成了云知声完整的人工智能技术图谱。云知声目前的合作伙伴数量超过 2 万家，覆盖用户达 2

亿，其中开放语音云覆盖的城市超过 470 个，覆盖设备超过 9000 万台。

云知声目前具有智能家居方案、智能车载方案、智慧医疗方案、智慧教育方案、UniToy 儿童早教机器人方案五个产品类别。

七、云从科技

云从科技成立于 2015 年 4 月，是中科院重庆研究院与上市公司佳都科技、风投杰翔资本等投资创办的专注于计算机视觉等人工智能技术的高科技企业，现阶段主要研发人脸识别技术。核心技术源于四院院士、计算机视觉之父——Thomas S. Huang（黄煦涛）教授。核心团队曾于 2007 年到 2016 年 7 次斩获智能识别世界冠军。承建了国家发改委的基础项目重大工程——"人工智能基础资源公共服务平台"与产业化项目重大工程"人脸识别系统产业化应用平台"。与公安部、工农中建四大银行、证通公司、民航局建立联合实验室，推动人工智能产品标准的建立，成为唯一同时制定国标、部标、行标的人工智能企业。

八、出门问问

出门问问成立于 2012 年，是一家以语音交互和软硬件结合为核心的人工智能公司，拥有自主研发的语音交互、智能推荐、计算机视觉及机器人 SLAM 技术。

出门问问的使命是定义下一代人机交互，推动大众进入人工智能消费时代。在可穿戴、车载和家居等场景，推出了智能手表 TicWatch、智能耳机 TicPods Free、智能后视镜 TicMirror、智能驾驶辅助 TicEye、智能音箱 TicKasa 和 TicKasa Mini 等人工智能软硬件结合产品。产品通过多场景、全覆盖的中文虚拟个人助理小问助手实现联动。

九、康力优蓝

北京康力优蓝机器人科技有限公司（CANBOT）是由康力电梯、紫光股份、神思电子等机构共同投资的高科技智能服务机器人企业。

公司核心团队于 2008 年进入智能机器人研发领域，并与中科院、英特尔、IBM、华为、英伟达等顶级科研机构形成战略合作，团队成员在人工智能、语音识别、智能导航、智能感应、交互式软件等方面都是行业的专家。在工程技术研发团队支持下，康力优蓝的机器人产品线完整覆盖至类人型商用服务机器人、伙伴型家庭智能机器人、教育娱乐型机器人、桌面型萌宠机器人等全线智能服务型机器人产品；拥有近百项自主知识产权和完善的专利保护体系。公司旗舰产品爱乐优智能机器人拥有迄今为止最为广泛的智能服务机器人家庭应用案例。

十、澜起科技

澜起科技于 2004 年在上海成立。作为集成电路设计公司，澜起科技致力于为云计算和人工智能领域提供高性能芯片解决
方案。澜起科技在内存接口芯片领域深耕十多年，是全球唯一可提供从 DDR2 到 DDR5 内存全缓冲、半缓冲完整解决方案的供应商。澜起科技发明的 DDR4 全缓冲 "1+9" 架构被 JEDEC（固态技术协会）采纳为国际标准，其相关产品已成功进入全球主流内存、服务器和云计算领域，并占据国际市场的主要份额。

2016 年以来，澜起科技和英特尔公司及清华大学合作，开发出安全可控的 CPU，并结合澜起安全内存模组推出安全可控的高性能服务器平台，在业界首次实现了硬件级实时安全监控功能，可在信息安全领域发挥重要作用。这一架构还融合了面向未来人工智能及大数据应用的先进异构处理器计算与互联技术，可为人工智能时代的各种应用提供强大的综合数据处理及计算力支撑。

 ## 第三节 人工智能时代谁将笑傲群雄——会是今天的 BAT 吗？

2017 年，刘强东曾说过："今天全球的互联网行业都在走向垄断，这是危险的事，所以不仅企业要战斗下去，还要不断呼吁，推动整个行业走向文明。这样才能给无数新创业者留下机会。如果十年二十年后，中国还是 BAT，还是京东、360 这些公司，对这个国家绝对是个不幸的事情。"其实早在 2016 年，马云就曾直言不讳地指出："大家都觉得 BAT 相当了不起，但我估计就两三年格局就会变化；过四五年，我们这些企业是否还在，我觉得都是很大的问题。我们现在每一天都如履薄冰。"

历史的车轮滚滚向前，芳林新叶催陈叶，流水前波让后波，这是必然规律。固然国外有 GE、IBM、花旗银行、壳牌等百年老店，国内也有招商局、中国银行、全聚德等百年老店，但如果现在还是柯达、富士、摩托罗拉、诺基亚、爱立信一统天下，那么人类进步的步伐是不是慢了呢？

一、历史可能会被人忘记，但你们永远不会被历史忘记——笑谈 20 年互联网江湖中的大佬传奇

20 年前，互联网是属于 SHE（Sina、Sohu、Netease）的。有着浓重港台腔的广东才子、北大高才生王志东，一看就是一个不折不扣的技术天才，号称中国第一个 Windows 程序员。当年中关村那栋贴着大大新浪标识的大楼灯火通明，代表着互联网产业的蒸蒸日上。王志东不仅在商界混得有模有样，一对龙凤胎儿女也让人羡慕不已。然而，

20 年后，新浪还是原来的新浪，王志东早已独自离开创业，经历了商海沉浮的起起落落。回望 20 年前的南粤广东，王志东有一位文质彬彬的老乡在几经周折后，据说是听到了张朝阳的一次煽情演讲激发了创业豪情，开始筹备自己创业。马啸长空，破茧化蝶，腾空万里，同样是内秀不善言辞的工科男，20 年后名声席卷神州，他就是马化腾。QQ、微信影响了我们一代人，王者荣耀、"吃鸡"影响了我们的下一代。马化腾是低调的，但我们也知道他通过 QQ 网恋找到了多才多艺而又温柔贤淑的另一半，实现了爱情事业双丰收。和他的同乡王志东一样，马化腾过着低调而又幸福的生活，用他自己的话说，我们都是普通家庭，顶多是房子大一点。

那个有着煽情演讲口才，满脸文艺范的海归创业典范张朝阳，从西北（陕西西安）考入清华，然后留学师从互联网大师尼葛洛庞帝（《数字化生存》的作者），带着渊博的学识、满腔的热情、导师的风险投资，还有浓浓的西洋风投身到了祖国这一片互联网的创业大潮里。他是成功的，他是时代的弄潮儿，他的演讲也激励了包括我在内的一代热血青年。20 年岁月消愁，张朝阳可能还是那个洒脱而不羁的黄金王老五，但这期间他经历了很多的苦痛和煎熬，苦苦寻求突破事业的藩篱、资本的博弈、管理的桎梏等，这样的花样大男孩也曾经彻夜不眠，也曾经抑郁消沉过，所幸的是，他挺过来了，事业上有了新的宏图大志，业余生活依然丰富多彩，注重跑步、游泳、健身。当张朝阳回国的时候，同样是一个高大帅气阳光的大男孩，同样从西北（山西阳泉）考到北京（北大），同样留学美国的青年才俊，也在大洋彼岸时刻关注着祖国的动向，不知是不是受了张朝阳的感召，李彦宏也告别美利坚回国创业，同样是带着对祖国的热爱，带着才华和学识，唯一多的是还带着一个与他同样传奇的贤内助。20 年后，当你在北京东五环看着一个帅小伙儿坐着一辆无人驾驶汽车时，你会惊奇地大叫："哇，李彦宏"。但当你在奥森公园碰到一个迎面跑来的清瘦大男人，迈着细瘦而又坚实的步伐，你多半不知道他还是 20 年前的张朝阳。

都说上有天堂，下有苏杭。风景如画的西子湖畔，钟灵毓秀，人杰地灵，诞生了多少才子佳人和如诗如画的感人故事。20 年前，戴着眼镜、文质彬彬、笑眯眯的丁磊（丁三石），可谓少年得志，风华正茂。南粤广东，互联网遍地开花，当与他同年的马化腾还在四处打工挣钱的时候，他已是网络界的风云人物，可谁曾想二十年河东二十年河西呢？作为丁磊浙江老乡的马云，没有响当当的豪华学习背景，没有值得津津乐道的留洋经历，甚至也没有出众的颜值，已经过了而立之年的他，更多的是沧桑和磨砺，彼时的他，刚刚卖掉中国黄页，还在蓄势新的创业，四处游说争取投资。20 年过去了，丁三石回归了田园生活，养起了猪，过着一种隐居山野、超然世外的生活，而马云的名字成为时代的象征，仿佛是拯救地球的外星人。

20 年后，人工智能沧海横流，英雄辈出，不问来路。曾经的英雄也许已经归隐山林，也许已经荣登殿堂，也许朴素得就是一个赤脚扫地僧。20 年后，西子湖畔，风景依然如画。一个精神矍铄的老人身穿缁衣，正在练着攻守道，时不时亮出两声嗓子，赢来周围阵阵喝彩。曲终人散，你怀着崇敬的心情，上前拱手问道："前辈，贵姓？"

答："免贵，姓马……"

二、不要问我会是谁，我只会回答为什么——探求人工智能兴衰背后的逻辑必然

从技术发展看，新技术取代旧技术是必然的，这是历史的趋势。柯达不是败于富士而是败于数码相机，不是被竞争对手打败，而是被趋势打败，被新技术打败。摩托罗拉不是败于诺基亚，也不是败于爱立信，而是败于智能手机，同样是被趋势打败，被新技术打败。那么 BAT 是不是也有可能被趋势打败，被新技术打败呢？我觉得完全有可能。挡不住历史的滚滚车轮，挡不住趋势的滔滔洪水，顺势则昌，逆势则亡。在人工智能时代，只有不断创新求变、顺应潮流才能立于不败之地。如果能做到这一点，BAT 同样可以基业长青。这样的先例也不少。苹果在大型机时代引领时代，但在 PC 时代栽了跟头，后面在智

能手机时代又迎头赶上，勇立潮头。国内的海尔，一直注重技术研发，不断创新求变，现在又大张旗鼓地进军智能家电领域，这种精神值得称道。人工智能时代，谁会是最大的赢家并不重要，谁会半途而废也不重要，我们不是算命先生，这里面也有很多偶然因素。但我们必须深刻认识到，成功者必然是掌握核心技术的，而现在人工智能时代的核心技术还没有发明出来，也许还存在于科幻电影里，也许还存在于科研人员的论文里，也许还只是一个大胆的想法，也许还在实验室里，也许是某个企业的保密新产品，也许是创业者四处推销找投资的产品。人工智能时代的领军人物，有可能是潜伏在 BAT 里的打工阶层，有可能在听着大佬们的激情演说，有可能在潜心学习准备创业，有可能是正玩着抖音、"吃鸡"的新生代。

从另一个角度看，企业为什么失败，要么死于懒惰和短视，没有意识到技术变革，最后被温水煮青蛙；要么死于贪婪，盲目扩张，盲目多元化，最后资金链断裂，尾大不掉，官僚氛围严重。比如，曾经的知名企业巨人集团、三九集团终因过度扩张而倒闭。这种盲目扩张的势头在当前人工智能领域同样让人担忧。一些人盲目认为赢者通吃、强者恒强，认为资本的力量可以战无不胜、无坚不摧，一些大企业、大资本一旦看中一个领域，马上展开狂轰滥炸，以风卷残云的方式快速兼并收购、投资布局，所到之处攻城略地、哀鸿遍野，技术、系统、平台一网打尽，人才、渠道、市场一锅全端。在人工智能领域互相角力，打打杀杀，明争暗斗，甚至黑白并用，搞得乌烟瘴气一团糟。一些企业野蛮生长，盲目扩张，在各个领域全面渗透，企业规模急剧扩张，财务杠杆高企，风光的表面潜藏着巨大的风险，资金链一旦断裂，将如摧枯拉朽般一泻千里。

《阿房宫赋》里写道："秦人不暇自哀，而后人哀之。后人哀之而不鉴之，亦使后人而复哀后人也。"那些曾经是行业翘楚的企业之所以轰然倒下，要么是丧失了对核心前沿技术的掌控，要么是盲目扩张。前事不忘，后事之师。对于那些倒下的巨人，我们不仅要哀之，更重要的是要鉴之，避免成为下一个轰然倒下的巨人。

广泛撒网重点培养
——BAT 的人工智能战略布局

人工智能是信息化产业发展的重头戏，互联网巨头各路诸侯纷纷抢滩人工智能，在各个领域展开激烈竞争，但他们也各有侧重、各有千秋。下面，以百度、阿里巴巴、腾讯为例进行分析。

一、百度的人工智能战略布局

百度原本是一家以信息流和搜索业务为主的公司，现已全面进入人工智能行业，至少涉及出行、医疗、金融、零售、物流等十几个行业。

在百度的六大事业群中，除了搜索业务，其余都是人工智能的一部分。另外五大事业群分别为人工智能事业群（AIG），主要负责百度所有的人工智能技术研发；智能驾驶事业群（IDG），主要负责汽车的智能驾驶；金融事业群（FSG），主要负责互联网金融业务；新兴业务事业群（EBG）；智能生活事业群（SLG）。百度业务整合后的事业群都是围绕信息流和人工智能展开的，而这里面的核心就是无人驾驶开发平台 Apollo 系统。该系统已经升级到第三代，全球首款 L4 级量产自动驾驶巴士"阿波龙"已经开始量产上路，并且"阿波龙"拿到来自日本的商业订单，已开启全球商业化进程。

Apollo 是一个开放的、完整的、安全的平台，通过开放源代码、数据、API、云端接口等方式帮助汽车行业及自动驾驶领域的合作伙伴结合车辆和硬件系统，快速搭建一套属于自己的自动驾驶系统。Apollo 提供全球唯一开放的拥有海量数据的仿真引擎；地图服务系统覆盖广、精度高，智能化强；基于深度学习自动驾驶算法 End-to-End。Apollo 自动驾驶开放平台的合作伙伴数量也达到了 100 多家，包括北汽、比亚迪、中国一汽、路虎捷豹等国内外知名品牌。

二、阿里巴巴的人工智能战略布局

阿里巴巴凭借电商、支付和云服务资源优势与人工智能技术深度融合，将技术优势逐步面向多领域发展。它目前主要以阿里云为基础，从家居、零售、出行（汽车）、金融、智能城市、智能工业六大方面展开了产业布局。

除了上述的六大板块外，阿里云还推出了一款自主研发的飞天操作系统。该系统是服务全球的超大规模通用计算操作系统。它可将遍布全球的百万级服务器连成一台超级计算机，以在线公共服务的方式为社会提供计算能力。目前，飞天拥有百万台级服务器的连接能力，单集群可达 1 万台的规模，10 万个进程达毫秒级响应；具有十亿级文件数、EB 级别存储空间；基于飞天的人工智能 ET，具备听、写、说、看的"感知"能力；在全球 16 个地域开放了 33 个可用区，云计算付费用户超百万，为全球数十亿用户提供可靠的计算支持，提供面向数十个行业的数百个解决方案。

在阿里巴巴的六大人工智能板块中，最引人注目的恐怕是"ET 城市大脑"了。

阿里云 ET 城市大脑是目前全球最大规模的人工智能公共系统，可以对整个城市进行全局实时分析，自动调配公共资源，修正城市运行中的故障问题，成为未来城市的基础设施，实现城市治理模式、服务模式和产业发展的三重突破。2017 年 10 月，杭州城市数据大脑 1.0 正式发布，接管杭州 128 个信号灯路口，试点区域通行时间减少 15.3%，全长 22 公里的中河至上塘高架出行时间节省 4.6 分钟。在主城区，城市大脑实现视频实时报警，准确率达 95% 以上；在萧山，120 救护车到现场时间缩短一半。

三、腾讯的人工智能战略布局

腾讯的传统优势在于社交和游戏领域。近年来，在人工智能领域也不甘示弱。腾讯在人工智能领域的战略布局围绕"基础研究—场景共建—人工智能开放"三层架构持续深入。为此，腾讯专门成立了AI Lab和机器人实验室Robotics X开展基础研究。

除了基础研究，腾讯在人工智能应用场景上将主要聚焦内容、社交、游戏和医疗。其中，医疗是腾讯人工智能技术应用的最重要场景。

医疗人工智能的本质实际上就是对医疗数据的分析和处理，目前主要的技术方法有三种。首先是基于模型的方法，对人体的解剖结构和生理过程建立数学模型、生物动力模型、形状概率模型。其次是特征工程的方法，从影像数据中提取与疾病、治疗相关的信息和特征，把这些特征和信息与疾病、治疗方案相关联，从而得到一些新的治疗方案和预测结果。最后则是机器学习的方法，利用医疗大数据模拟医生的诊断过程。这种方法可以描述非常复杂的过程，但是它需要大量的数据和算力，而机器学习方法往往具有不可解释性，结果不容易被医生所接受。

2017年8月，腾讯推出首个AI+医疗产品"腾讯觅影"，它在医疗领域的两项核心能力分别是AI医学影像分析和AI辅诊。

据悉，"腾讯觅影"利用AI医学影像分析可以辅助医生筛查食管癌、肺结节、糖尿病视网膜病变、结直肠肿瘤、乳腺癌、宫颈癌等疾病；同时，利用AI辅诊引擎可以辅助医生对700多种疾病风险进行识别和预测，辅助临床医生提升诊断准确率和效率。

腾讯的目标是打造覆盖"筛查、诊断、治疗、康复"全流程的诊疗人工智能产品，实际上就是把上述三种方法结合在一起使用，综合利用数学建模、医疗特征工程和机器学习等技术方法助力医疗行业，让人工智能在整个诊疗流程都发挥作用。

第五章
人工智能赋能未来生活
——人工智能 + 时代的辩证法

这是一个最好的时代，也是一个最坏的时代。

——狄更斯《双城记》

不管你爱与不爱，都是历史的尘埃。

——歌曲《One Night In 北京》

早上一觉醒来。哎妈，又晚了！智能早餐机根据我的口味习惯烤好了面包，热好了牛奶。匆匆吃完早饭，赶紧驱车前往单位，星期一早晨的路况实在糟糕，智能导航系统帮我不断调整规划路线。到单位还差三分钟迟到，还好有车辆自动识别系统、智能泊车系统和人脸识别考勤系统，这一系列流程一气呵成，毫无耽误，终于让我准时坐到了办公桌前。

这样的智能化生活场景在十年甚至几年前都还只是一种设想，但现在已经成了随处可见的场景。人工智能的这一波浪潮与前几次最大的不同就在于，它开始从理论向现实转变，进入落地实施阶段，开始渗透到我们工作学习生活的很多方面。如果说前几次人工智能浪潮只是敲了敲门、推了推门的话，这次已经推开了一个门缝，探进了一只脚。人工智能的大门开启后，呈现在眼前的将会是另一番风景。

人工智能，这次你真的来了。"人工智能＋"的时代也许是一个最好的时代，也许是一个最坏的时代，但不管你爱与不爱，它都终将成为改写历史的力量！

"人工智能＋"的范畴非常广泛，国家 2017 年 7 月出台的《新一代人工智能发展规划》重点部署了制造、农业、物流、金融、商务、家居、教育、医疗、健康和养老、政务、法庭、城市、交通、环保等领域的智能发展战略，有些领域本人着实不太熟悉（比如智能法庭、环保等），有些领域已经广为大家熟识（比如智能物流、商务等）。为此，只选取几个与大家生活息息相关但在认识上还众说纷纭的领域谈谈个人观点，权当抛砖引玉。

第一节　智能交通时代人是最大的障碍——智能时代机器文明对人类规则意识的考验

国家《新一代人工智能发展规划》对智能交通的表述是：研究建立营运车辆自动驾驶与车路协同的技术体系。研发复杂场景下的多维交通信息综合大数据应用平台，实现智能化交通疏导和综合运行协调指挥，建成覆盖地面、轨道、低空和海上的智能交通监控、管理和服务系统。

智能交通是一个大概念，我们通常首先会想到无人驾驶、车联网技术等，但其实更重要的是交通管理的智能化，说到底是交通资源的最大化、最优配置，从而提高效率、降低风险。有人说，世界上最远的距离是车流量感应器和红绿灯之间的距离。这样两个在同一根杆子上的设备现在都没有做到信息联动，难怪会经常出现一个方向没有车通过但一直绿灯，而红灯方向交通拥堵不堪的现象。如果能够把信号灯和车流量信息有机衔接，可以极大地减少交通拥堵，如果进一步能够把车辆导航系统和这些信息对接起来，整个交通运行秩序和效率将会有巨大的飞跃。

下面主要探讨无人驾驶问题。

一、无人驾驶，看上去真的很美

无人驾驶配合车联网技术具有很多方面的优势：

未来的无人驾驶状态

一是超强的环境感知能力。真正实现了眼观六路、耳听八方，可以在瞬时内观察到各个方向一定距离内的情况，甚至可以有透视眼。这可以弥补人工驾驶的第一个不足，就是视觉盲区。

二是精准的位置判断能力。用量化标准判断物体的位置，可以弥补人工驾驶的第二个不足，有的时候觉察到了但是判断不准确，比如，知道前面有障碍物但拐弯拐小了依然剐蹭上了。

三是快速反应的能力。人工操作的反应时滞相对更大，手脑协调不够快。时速 100 公里大约相当于每秒 28 米，人哪怕只有 1 秒的反应时间，都难免发生交通事故，而在 5G 网络环境下的智能驾驶可以达到几厘米的反应距离。这实际上弥补了人工驾驶的第三个不足，觉察到了，也判断对了，但是反应来不及了。

四是系统的稳定性。在没有系统故障和人为破坏的情况下，智能系统操作稳定，不会出现酒驾、疲劳驾驶、开斗气车等情况。这弥补了人工驾驶中情绪等非技能性不足。

五是系统联动提高通行秩序和效率。交通拥堵，说到底是交通信息不完全不充分从而导致的交通资源配置不合理，比如，有的道路拥挤不堪而有的道路却空空如也，智能车联网系统可以把路况信息和交通信号灯、车辆连接起来，合理引导车辆行车路线，从而保证线路资源的均衡利用。个别人野蛮驾驶、插队加塞也经常会导致事故和拥堵，比如，在通过路口的时候，一个人强行并线可能会带来后车的大量积压，而智能控制下的车辆可以实现地毯式平行位移，大家同步有序通行，效率会大大提高。

六是对交通资源的充分利用，车辆将大幅减少。汽车的使用率大大提升，将更多承担公共交通职能，成为一种公共自动位移工具。上座率会比私家车高得多，个人驾驶在上下班通勤中平均不会超过 2 人，而在无人驾驶时代座位可以充分利用起来，运载效率至少提升一两倍。个人只是上下班用车，其他大部分时间闲置，而公共驾驶可以多次往返，效率至少再提高一两倍。交通路况畅通之后，效率还可以提高不少。这样，智能时代的汽车效率比个人驾驶时代提高三五倍不在话下，车辆只需现在的两三成就可以满足需求。

无人驾驶时代汽车将成为一种公共的自动位移工具。社会将出现一些新的潮流，首先，公共的无人驾驶汽车将大行其道，大部分人将轻松便捷地乘坐无人驾驶汽车，辅之以最后一公里的非机动公共交通工具等。其次，大部分人将不会再拥有自己的私家车，只有每天行程相对固定等情况下私家车才是必需的，就像共享单车取代了大部分家用自行车一样。最后，开车将成为一种休闲，而不是一种生活的必备技能，就像古时候我们都要会骑马，而现在骑马是一种业余的休闲爱好，成为周末的郊区旅游项目。可以预想，十年或者二十年后，现在我们高度依赖的手机和汽车都将彻底改头换面。

二、无人驾驶，脚下的路还长

任何事物都有如硬币一样的两个方面，无人驾驶也并非无懈可击。优步无人驾驶车2018年3月在美国发生一起撞死49岁女性行人的事故，当时车上有一名驾驶人员，但死者在看不清的黑暗环境中突然出现。无人驾驶存在一系列安全隐患，集中体现在电子信息系统如果被远程控制或者失灵，带来的可能是系统性、毁灭性的灾难。就像电子材料代替纸质材料一样，便捷性和效率大大提高了，总体安全性也提高了，一般不出问题，但一旦出问题可能就是毁灭性的。纸质材料哪怕烧也要烧一段时间，还有机会可以挽救一些，而电子材料可能瞬间消失得无影无踪。人工驾驶出现十车连环相撞就是很大的事故，如果无人驾驶系统受损，可能会导致难以想象的后果，所以，紧急制动等应急措施必不可少，智能驾驶中交通事故的责任承担等也需要提前明确。

无人驾驶要全面上路还有一系列问题亟待解决：

首先是汽车的智能化水平问题。国际汽车工程师协会（SAE International）根据自动化程度，将驾驶从低到高分为L0到L5共6级，其中，L0指的是驾驶员完全掌控车辆，L1代表自动系统有时能够辅助驾驶员完成某些驾驶任务，等级越高自动系统发挥的作用越强，到最高级L5时，自动系统在所有条件下都能完成所有驾驶任务。自动驾驶大部分还停留在L2、L3水平，要达到L4、L5水平还有很多技术难关要突破，还有很长的路要走。

其次是网络信息传输问题。没有5G网络的支撑，无人驾驶只能是一纸空谈。从这个角度来说，无人驾驶决战5G之巅的提法一点都不为过。

最后，也是最关键的一点就是路况问题，特别是在中国，无人驾驶要全面上路，将面临人类的巨大挑战。当前我们的一些不文明驾驶现象突出，有的驾驶人员超速行驶、野蛮驾驶，有的驾驶技术严重不过关，特别是在拥堵的情况下，随意变道、强行加塞造成交通混乱和事故隐患；有的行人乱闯红灯、翻越护栏、在车流中横穿猛跑等；有的道路坑洼不平、狭窄拥挤、黑暗泥泞、七拐八弯、四处障碍、牲畜横行等。

　　新技术的发展需要人类文明的适应，否则人类的不文明现象将会挑战新技术，历史上的事例也不少。汽车最早出现时有大量的横穿马路、超载、改装、超速、酒驾等现象，造成了大量的交通事故，现在逐年下降。在规则面前，人类要有敬畏心，切不可太任性，否则只会玩火自焚。如果都是无人驾驶的情况，则是安全有序的，典型的例子是飞机、高铁、地铁等大量采用了无人驾驶，但为什么无人驾驶汽车还没有大量上路，主要是因为人类的挑战，人类如果不遵守交通规则，横穿马路、随意变道、野蛮驾驶，都将是危险隐患，这就是智能驾驶时代机器文明对人类规则意识的考验。

　　无人驾驶的落地情况将是一个国家和地区人类文明程度的重要标志。有专家表示，考虑到全球每年因车祸造成的死亡人数超过百万，为了让交通更安全，未来人类可能被禁止开车，而由无人驾驶技术全面取而代之。正如特斯拉总裁马斯克所说的那样："在遥远的未来，人类驾驶员可能不合法。不能让一个人来操纵重达两吨的死亡机器！"

　　基于上述原因，无人驾驶的相关法律法规、职责权限划分、应急措施等迫切需要制定出来，只有规则明晰后才能放心上路。在此之前，可以采用循序渐进的思路推进：从车场货站等相对封闭的环境，从摆渡车、观光车等相对固定的线路开始试点；正式上路后，先从路况和交通秩序良好的地方开始，可以先划定无人驾驶专用车道，再实现混行；最后逐步拓展到社区、集镇、农村等人口稠密、道路和交通秩序较差的场所。

　　我国对无人驾驶已经开始立法，并且广泛实验。近年来，北京、上海等城市先后就无人驾驶车辆道路测试出台管理办法和细则，发放无人驾驶车辆路测牌照，开放无人驾驶汽车上路实测。2018年5月1日，相关部门正式发布《智能网联汽车道路测试管理规范（试行）》。无人驾驶在全国遍地开花，湖南试验无人驾驶客车、广东试验无人驾驶公交、重庆着手建设无人驾驶观光道路、浙江计划建设无人驾驶高速等。

　　星星之火，可以燎原。

无智能不驾驶
——争先抢占无人驾驶高地

无人驾驶被认为是未来出行的重要趋势，引得各路豪杰争先抢占。下面，让我们领略其中几家的风采。

一、百度

百度无人驾驶项目起步于 2013 年，其技术核心是"百度汽车大脑"，包括高精度地图、定位、感知、智能决策与控制四大模块。其中，百度自主采集和制作的高精度地图记录完整的三维道路信息，能在厘米级精度实现车辆定位。同时，百度无人驾驶车依托国际领先的交通场景物体识别技术和环境感知技术，实现高精度车辆探测识别、跟踪、距离和速度估计、路面分割、车道线检测，为自动驾驶的智能决策提供依据。百度将大数据、地图、人工智能和百度大脑等一系列技术运用到无人驾驶中。2015 年 12 月，百度公司宣布，百度无人驾驶汽车在国内首次实现城市、环路及高速道路混合路况下的全自动驾驶。

百度无人驾驶汽车可自动识别交通指示牌和行车信息，具备雷达、相机、全球卫星导航等电子设施，并安装同步传感器。车主只要在导航系统中输入目的地，汽车即可自动行驶，前往目的地。在行驶过程中，汽车会通过传感设备上传路况信息，在大量数据基础上进行实时定位分析，从而判断行驶方向和速度。

二、长安汽车

2016 年，长安无人驾驶汽车亮相北京国际汽车展。按照规划，长安汽车的智能化之路分成四个阶段：第一阶段，研发全速自适应巡航、半自动泊车等应用技术；第二阶段，实现组合功能自动化，如集成式自适应巡航、全自动泊车、智能终端 4.0 等；第三阶段，实现有限的自动驾驶，如高速公路全自动驾驶等；第四阶段，在 2025 年实现汽车全自动驾驶，进入产业化应用。

长安汽车已于 2017 年 12 月完成 L4 网联式城区无人驾驶系统测试。在汽车驾驶的四项任务中，长安最新的首辆 L4 级无人驾驶汽车可由系统自动完成转向与加减速控制、对环境的观察、对激烈驾驶的应对，部分完成应对工况。

2017 年 11 月 8 日，长安汽车得到美国加州车辆管理局通知，准许其在美国加州开展无人驾驶汽车测试，这意味着长安汽车已获得美国加州自动驾驶的测试牌照；2018 年 4 月，长安汽车再次获得重庆自动驾驶道路测试牌照，这两张牌照的获得无疑会进一步推进长安 L4 级无人驾驶汽车研发进度。

三、上汽集团

上汽集团自主研发的智能驾驶汽车 iGS 通过如下技术手段实现无人驾驶：iGS 通过摄像头和雷达观测周遭环境，再把路况数据传达给控制软件进行分析，给出指令。经过路试鉴定，iGS 可以初步实现远程遥控泊车、自动巡航、自动跟车、车道保持、换道行驶、自主超车等功能。只要时速稳定在 60~120 公里的工况范围内，这些高级功能都能轻松安全地在无人状态下进行。

上汽集团把自动驾驶功能分成五级，iGS 是三级，可以实现结构化和部分非结构化道路的自动驾驶，到 2025 年后的愿景是五级，实现全环境下的自动驾驶。

四、一汽集团

一汽集团的互联智能汽车被命名为"挚途"。到 2025 年，一汽"挚途"将从当前的"挚途"2.0 发展为"挚途"4.0。目前"挚途"1.0 已应用到红旗轿车上，具备 ACC、AEBS、LDW 等驾驶辅助功能。2018 年实现了"挚途"2.0，一汽发布的红旗品牌互联智能乘用车和解放品牌互联智能商用车具备单任务短时智能托管、D-Partner2.0 的车辆智能服务功能。2020 年希望实现"挚途"3.0，一汽将发布高速公路代驾产品及深度感知和城市智能技术，具备多任务长时托管和智慧城市解决方案提供功能。2025 年希望实现"挚途"4.0，一汽将大规模提供智能驾驶商业服务，高度自动驾驶技术整车产品渗透率达 50% 以上。

第二节　智能农业开辟一片大有作为的广阔天地
——类工业化生产、智能资源配置与人机协同的有机结合

　　"毛主席教导我们说，知识青年到农村去……大有作为的广阔天地，现在想想我们还爱你。"一提到农村，耳畔就不禁传来了李春波的这首曾经脍炙人口的《呼儿嘿哟》。

　　的确，我国是一个农业大国，农业稳则国家稳，农村美则国家美，农民富则国家富。人工智能在农业农村农民工作中具有至关重要的作用，我们期待智能农业开启一片大有作为的广阔天地。

　　国家《新一代人工智能发展规划》对智能农业的表述是：

　　研制农业智能传感与控制系统、智能化农业装备、农机田间作业自主系统等。建立完善天空地一体化的智能农业信息遥感监测网络。建立典型农业大数据智能决策分析系统，开展智能农场、智能化植物工厂、智能牧场、智能渔场、智能果园、农产品加工智能车间、农产品绿色智能供应链等集成应用示范。

　　智能时代的农业将是别有一番景象在眼前。

一、智能时代农业生产的新景象

　　智能时代的农业将呈现出类工业化生产、智能资源配置与人机协同等特点。

　　首先，农业将像工业化生产一样，向着机械化生产、社会化大生

产方向迈步。一想到农业，大家眼前的画面就是刀耕火种、肩挑手扛、面朝黄土背朝天的场景，人工智能可以逐步解决农业自动化、机械化水平低的问题，提高投入产出效益。我国的问题是地区差异大，山区农耕条件差，需要研究一些小型智能设备来适应山地的耕种，我本人就见过小型的插秧机等设备。这样，农业在人工智能时代会和工业成为同一类型的智能生产行业。当然，智能化不能只是大规模、标准化的机械生产，更重要的是根据环境条件，动态、自主控制农业生产。在智能种植中，可以根据气候、温湿度以及农作物生长发育情况进行实时动态调节、耕种，比如，现在逐渐流行的智能大棚就是利用温度、湿度、二氧化碳、光照度传感器等感知大棚的各项环境指标，由智能系统对棚内的水帘、风机、遮阳板等设施实施监控调节。在智能养殖方面，可以根据牲畜情况远程控制牲畜喂养、健康看护、行为管理等，我本人就见过养牛场中为每头牛佩戴感应器，从而随时掌控牛的运动范围，根据身体状况和需要自动喂养，及时监测健康状况等。

其次，智能资源配置就是把农业和工商业有机结合，将供给需求结合，解决农业在社会价值链中附加值低、供需不匹配等问题。一是提高农业附加值，增加农业在社会价值链中的价值分配权重。工农业"剪刀差"，农业价格低于价值，工业价格高于价值的问题长期存在，要通过智能生产提高农业价值含量，从而提高农业在社会价值分配中的分量。二是要努力减少信息不充分、供求不平衡导致的农产品价格波动。农产品价格亏一年涨一年的"跷跷板"现象很突出，谷贱伤农的事件时常发生，这些年出现的"蒜你狠"、"姜一军"、"糖高宗"、"二师兄"等问题，核心是农业供需不平衡的问题。要通过智能信息系统把农业信息融入整个社会工商信息系统，做好农业生产的智能化供需匹配，加强对农业生产的逆周期调节，尽可能地减少农业生产和价格的大起大落。三是在高度智能化的背景下，农业的按需生产、个性化生产、敏捷生产等成为现实，工商管理理念和方法逐渐进入农业领域。在智能化的时代，我们完全可以期待下面的场景，坐在城里写字楼里的白领可以根据自己喜好点对点地从农户手里获得有机农产品，可以随时观察了解到整个生产过程，各项产品指标是可查询可追溯的。

最后，机械生产与人工作业结合，人机协同依然不可避免。有的是受地理环境等生产条件限制，还必须由人工操作。还有很重要的一类是模糊生产的工艺需要。俗语道，蒸酒做豆腐，到老不能称师傅。比如，酿酒工艺高度依赖于匠人师傅的手艺，调酒大师依靠多年的经验，能够通过点滴调配对酒的品味起到画龙点睛的作用，这其中的奥妙很难成为可以标准化的显性知识，大规模标准化流水线生产很难达到这种境界。这样的例子还有很多。在智能农业时代，人的作用依然是不可或缺的，在有的领域可能还会占据主导地位。

二、智能时代农民农村的新面貌

"三农"问题，除了农业外，还有农民和农村，这些问题的解决是一个漫长的过程，需要各方面综合施策，人工智能也许只是其中一个重要的推手，但并不是全部。

——运用智能化手段提高农民素质。一提到农民，很多人的第一印象就是没文化、素质低，"农民"在一些人的口中成为一种蔑称，考不上学的，干不了别的就只能当农民。这是一种严重的身份偏见。要让农业成为一种高技术含量的职业，一种受人推崇的职业，要培养造就大量的专业农民、职业农民、高素质农民，让农民成为有文化、有技能、受人尊重的人群。远程智能培训对于农民来说是一种比较有效而可行的手段，不仅可以传授农业知识，还可以帮助农民提高个人修养、开阔视野等。将来如果有更多的城里人，受过良好教育的人，有理想有抱负的人都愿意当农民，这将是社会进步的一个重要表现。

——运用智能化手段改善农村环境问题。农村的环境问题既包括自然环境方面的，也包括人文环境方面的。在自然环境方面，一提到农村，很多人的第一感受就是脏乱差，牲畜满地走、污水满处流，城里的环境像欧洲，农村的环境像非洲。虽然智能化手段不是解决这些问题的唯一手段，但至少可以对其他手段发挥很好的促进作用。在人文环境方面，一些农村村匪恶霸横行、家族势力当道、公序良俗遭到破坏、陈规陋习沉渣泛起，再加上蚁贪腐败、以权代法、破坏基层民主、侵害农民权益、犯罪、留守老人儿童等问题突出，确实不利于农业生产和基层自治管理。解决这些人文环境问题是一个复杂的系统工程，非一时之功，智能化手段可以加速这一进程。农村也是一个大社会，城里有的很多问题在农村也存在，比如，教育、养老、医疗等问题，城市里的智能教育、养老、医疗等措施也可以对农村发挥有益的借鉴作用，特别是在城乡一体化的背景下，这一点显得尤为重要。

总之，在智能化时代，如果大家很乐意从事农业，当农民是很荣耀的职业，在农村也能过上很幸福的生活，可以说人类文明翻开了新的篇章。

给农业插上智慧的翅膀
——人工智能在农业中的应用案例选编

一、智慧灌溉实现滴水归田

农业灌溉用水利用率不高的情况，在全球很多国家和地区存在。为解决这一问题，智慧灌溉能够通过传感器探测土壤中水分含量，根据不同作物的根系对水的吸收速度和需求量的不同，控制灌溉系统进行有效运作，从而达到自动节水、节能的目标。

"超级农作物"（CropX）是来自美国硅谷的创业公司，其主要产品是探测土壤参数的硬件，并用软件向农民显示有关数据，旨在建立"土壤物联网"。该公司的硬件产品包含的重要传感器有三个，分别负责收集地形信息、土壤结构和含水量，以决定土壤对水的需求是多少。

二、智能环境探测为农业耕种提供火眼金睛

人工智能在农业领域还可以实现土壤探测、病虫害防护等功能。

在土壤探测领域，IntelinAir 公司开发了一款无人机，通过类似核磁共振成像技术拍下土壤照片，通过电脑智能分析，确定土壤肥力，精准判断适宜栽种的农作物。再比如，2009 年成立于美国硅谷的 Solum 公司，其开发的软硬件系统能够实现高效、精准的土壤抽样分析，以帮助种植者在正确的时间、正确的地点进行精确施肥。农民可以通过公司开发的 No Wait Nitrate 系统在田间地头进行实时分析，即时获取上壤数据；也可以把土壤样本寄给该公司的实验室进行分析。

在病虫害防护领域，生物学家戴维·休斯和作物流行病学家马塞尔·萨拉斯将关于作物叶子的 5 万多张照片导入计算机，并运行相应的深度学习算法开发了一款手机 APP——Plant Village，农户将在合乎标准光线条件及背景下拍摄出来的农作物照片上传，APP 能智能识别作物所患虫害。目前，该款 APP 可检测出 14 种作物的 26 种疾病，识别准确率高达 99.35%。此外，该款 APP 上还有用户和专家交流的社区，农户可咨询专家有关作物所患病虫害的解决方案。

三、耕种收获机器全搞定

将人工智能识别技术与智能机器人技术相结合，可广泛应用于农业中的播种、耕作、采摘等场景，极大提升农业生产效率，同时降低农药和化肥消耗。

在播种环节，美国 David Dorhout 公司研发了一款智能播种机器人 Prospero，其可以通过探测装置获取土壤信息，然后通过算法得出最优化的播种密度并且自动播种。

在耕作环节，美国 Blue River Technologies 公司生产的 Lettuce Bot 农业智能机器人可以在耕作过程中为沿途经过的植株拍摄照片，利用电脑图像识别和机器学习技术判断是否为杂草或长势不好、间距不合

适的作物，从而精准喷洒农药杀死杂草，拔除长势不好或间距不合适的作物。据测算，Lettuce Bot 可以帮助农民减少 90% 的农药化肥使用。

　　在采摘环节，美国 Aboundant Robotics 公司开发了一款苹果采摘机器人，其通过摄像装置获取果树的照片，用图片识别技术识别适合采摘的苹果，结合机器人的精确操控技术，可以在不破坏果树和苹果的前提下实现一秒一个的采摘速度，大大提升工作效率，降低人力成本。

四、禽畜智能穿戴产品让动物状况尽在掌握

　　将智能穿戴产品应用在畜牧业，可以实时搜集所养殖畜禽的个体信息，通过机器学习技术识别畜禽的健康状况、发情期和喂养状况等，

从而及时获得相应处置意见。以日本 Farmnote 公司开发的一款用于奶牛身上的可穿戴设备 Farmnote Color 为例，它可以实时收集每头奶牛的个体信息。这些数据信息会通过配套的软件进行分析，采用人工智能技术分析出奶牛是否出现生病、排卵或生产等情况，并将相应信息自动推送给农户，以得到及时的处理。

法国农业科学研究院则通过在牛群中安装传感器，对牛的实时位置、体重、食物摄入量、甲烷排放量等进行统计，强化对牛的行为研究和分析。

 ## 第三节　智能医疗提供全方位医疗支持服务——是协同而不是替代

国家《新一代人工智能发展规划》对智能医疗的表述如下：

推广应用人工智能治疗新模式新手段，建立快速精准的智能医疗体系。探索智慧医院建设，开发人机协同的手术机器人、智能诊疗助手，研发柔性可穿戴、生物兼容的生理监测系统，研发人机协同临床智能诊疗方案，实现智能影像识别、病理分型和智能多学科会诊。基于人工智能开展大规模基因组识别、蛋白组学、代谢组学等研究和新药研发，推进医药监管智能化。加强流行病智能监测和防控。

此外，该规划对智能健康也作出了部署：

加强群体智能健康管理，突破健康大数据分析、物联网等关键技术，研发健康管理可穿戴设备和家庭智能健康检测监测设备，推动健康管理实现从点状监测向连续监测、从短流程管理向长流程管理转变。

健康问题是每一个人都会面临的问题，医疗问题是全社会共同关心的重大民生问题，突出体现在看病难、看病贵上。解决看病难问题的核心是要解决总供给不足、区域发展不平衡的供求矛盾，而看病贵问题则涉及医药管理、社会保障等体制机制问题，非常复杂。人工智能至少可以在以下几个方面为医疗和健康管理提供有力的支持。

一、人工智能为医疗工作增加强大动力

在医疗支持领域至少有四个方面，人工智能已经体现出它的明显优势：

一是智能影像诊断系统。中央电视台《机智过人》节目曾经让一个名为"啄医生"的读片机器人单挑 15 名来自全国三甲医院有着 15 年经验、阅片量在 20 万张以上的主任医师进行肺片诊断，结果不相上下。

智能影像诊断系统的优势在于通过机器学习，其阅读量非常大，动辄几十万张片子，而普通医生往往需要一二十年甚至更长时间才能达到这个量级；而且它的速度非常快，每秒可以达到上百张，这是人类望尘莫及的。机器也不是万能的，尽管它的准确率号称可以达到95% 以上，但在一些疑难问题上还是离不开经验丰富、水平高超的人类医生。

二是机器人手术系统。大家都知道，手术是一个技术活，也是一个体力活，一台手术前前后后好几个小时，一些主刀大夫一天做若干台手术，经常是从早忙到晚，甚至是深夜，没有足够的休息时间，对

体能是一个巨大的考验。实际上，在手术过程中很少是纯粹靠手工操作的，通常会用到各种机械化工具。随着人工智能的发展，一些综合性、智能化的手术机器人应运而生，最具代表性的是"达芬奇"。

达芬奇机器人手术系统以麻省理工学院研发的机器人外科手术技术为基础，由美国直觉外科公司投资产业化。主要包括医生操控台、床旁机械臂手术系统、3D 成像系统等。据报道，目前，美国已经有2000 多台达芬奇机器人，欧洲也有 600 多台，亚洲有 400 多台。中国最早的达芬奇机器人是 2006 年解放军总医院引入的，目前大约有 60 多台。它并不能万能机器，并不能适用于所有的手术，简单地说，它是高级的腹腔镜系统。它需要医生的协同，而且也不是绝对安全的，甚至发生过医疗事故。

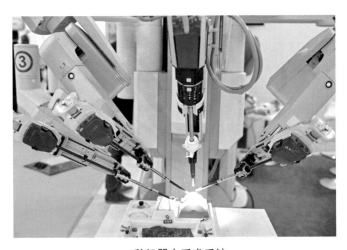

一种机器人手术系统

三是辅助治疗系统。人工智能在疾病治疗领域的应用目前主要集中在肿瘤治疗方面。肿瘤治疗领域每天都有大量的医学文献发表。以知名医学文献平台 PubMed 为例，这个平台上已经拥有超过 2200 万篇文献，而且还以每年超过百万的速度增长，折算下来不到一分钟就会有一篇新文献产生。而人工智能可以不知疲倦地快速阅读文献，IBM

沃森机器人对 PubMed 的所有文献摘要进行了地毯式的阅读，并定期对新增的文献摘要进行自动阅读解析，有了大数据案例支撑后，就可以提出一些治疗方案建议。

IBM 沃森机器人推广会

我认为，智能医疗可以做一些检查、辅助治疗和标准化治疗工作，但很难全面替代医生，因为疾病的致病机理非常复杂，人类在很多领域还没有真正弄清楚。比如，西医对幽门螺旋杆菌等比较明确的疾病有固定的治疗模式，这些标准化的工作可以由机器来操作，但大量的疾病需要辨证施治，人的作用不可替代。举个例子来说，中医宝典《千金方》里面对一些疾病有固定的方子，但医生要通过"望闻问切"进行病情诊断，哪怕是一个小小的感冒可能都有很多种情况，人的体质分为九种，根据寒凉温热，身体阴虚阳虚、实火虚火等情况，最终的方子会各有不同，这其中的玄妙精深也是难以用语言表达的。

四是远程医疗系统。远程医疗包括远程医疗会诊、远程医学教育、多媒体医疗保健咨询系统等。远程医疗会诊在医学专家和病人之间建立起高效的联系，使病人在原地、原医院即可接受远程专家的会诊并在其指导下进行治疗和护理，可以节约医生和病人大量时间和金钱。我们国家医疗资源严重不足且分布不均衡，通过远程医疗能够更好地利用有限的医疗资源，对于偏远地区、医疗卫生条件相对落后地区的患者来说是一个很好的享受良好医疗资源的手段，对于一些疑难疾病的会诊也是一种很好的手段。但是医疗是一种高度贴身、场景依赖型的行为，远程医疗通常只能成为现场医疗的一种补充。

二、人工智能为医疗管理提供有力支持

如果说辅助治疗是一个相对模糊的工作，那么，人工智能运用在挂号、交费、取药等标准化、程序性工作中，则是它的天然优势，这方面也是人工智能落地实施的很好切入点，并且已经开始见到成效。

去过医院的人对于此事都深有体会，挂号排队、看病排队、交费排队、取药排队，各种排队拥挤，就医体验极其不佳，除了从根本上增加医疗资源外，人工智能可以极大地提高效率。2018 年 4 月 13 日，腾讯正式对外发布了微信智慧医院 3.0 版本，实现连接、支付、安全保障、生态合作的四大升级。同时，新版微信智慧医院，在原有的大数据、支付、云计算、安全等基础上，加入了人工智能和区块链等新技术，六项核心能力贯穿从诊前到诊后的全流程。据称，新版本将原来碎片化、断裂的就医链条全部打通，贯穿了导诊（线上 AI 导诊、智能客服咨询）、挂号（在线挂号）、咨询（在线咨询、线下 AI 辅助诊断）、检查（线下 AI 影像、AI 病理）、支付（医保/商保在线支付、医保线下扫码付）、治疗（药品在线配送、线下处方流转）、诊后（AI 随访、在线续方）等环节，打通了就医全流程。

中医是我们的国粹，但要现代化还有很多工作要做，中药配药特别慢就是一个瓶颈。我所经历过的中药配药的方法至少有五种。第一种是最传统的，从药匣子里现场称重配药，这种最慢。第二种是每一味药都按照最小剂量分为小包装，每次根据用量配比相应数量，这样的速度明显加快。这两种都需要自己回家煎药，很不方便。第三种是配好药后医院代煎，形成塑料封装的汤剂，这种虽然较慢，但使用方便，

只需热水浸泡加热即可。第四种在此基础上将汤剂浓缩成配方颗粒，携带和使用更方便，只需开水冲服。第五种是把每一味药都加工成颗粒，按最小剂量装袋，配药时将每一味药按用量配齐，使用时，将每副药的所有袋子拆封，颗粒混合后用开水冲服。根据我的亲身体会，配药的速度从半个小时到一两个小时不等，代煎的甚至需要更长时间。智能分拣系统可以很好地解决这个问题，据报道，在 2015 年的时候，苏州信亨自动化科技有限公司公开发布了国内首个自动化中药房，其自主研发的自动定位发药和多处方同时调剂技术，实现一台机器同时为几十个人无差错抓药，能为中医院药房节省 90% 的抓药调剂人力，而且抓一副药只要 3 秒，经测算，采用人工抓药平均一副中药的人力成本为 1.3 元，如果采用全自动中药房，可以降至 0.12 元，且抓药准确率接近 100%。

三、人工智能黑科技为未来医疗插上想象的翅膀

有的医用人工智能技术还处在研究或试用阶段，但已经体现了很强的科技含量和运用前景，我们对未来大规模应用充满了憧憬。

1. 体内检查、微创手术机器人（胶囊微型机器人）

我曾经在一个展览中看到过一种胶囊微型机器人，人吃进去后可以对人的消化道进行全息拍照并进行微创手术，然后自然排出，患者使用非常方便，主要元器件可以重复使用，费用每次只有几千块钱。

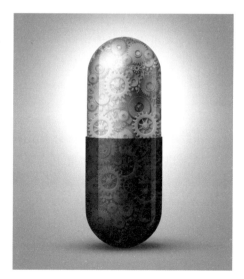

未来的胶囊微型机器人

胶囊微型机器人，是一种能进入人体胃肠道进行医学探查和治疗

的智能化微型工具，是体内介入检查与治疗医学技术的新突破。目前该技术尚处于试点阶段，成熟后有望大规模推广。胶囊微型机器人在人体肠胃中进行无创检查和小损伤手术，对于减轻病人痛苦、提高检查和手术的安全性和降低医疗费用等都具有重要意义。现在国内治疗肠胃病的一般方法是用内窥镜透视、放射造影或手术检查，不但费用高昂，而且病人比较痛苦。而胶囊微型机器人不但成本低、节省时间，而且治疗起来可以减轻病人的痛苦。

2. 运用 AR/VR 技术增强医疗效能

虚拟现实（Virtual Reality，VR）也称灵境技术或人工环境，是利用电脑模拟产生一个三维空间的虚拟世界，提供使用者关于视觉、听觉、触觉等感官的模拟，让使用者如同身临其境一般，可以及时、没有限制地观察三维空间内的事物。增强现实（Augmented Reality，AR），也被称为混合现实，它通过电脑技术，将虚拟的信息应用到真实世界，真实的环境和虚拟的物体实时地叠加到了同一个画面或空间同时存在。简单说来，VR 全部是假的，AR 是把真的和假的叠加到一起。通过 AR/VR 技术可以更好地帮助医生和病人身临其境地了解病情，并且更有针对性地进行治疗，它的应用一旦全面推开后，可以在很多方面大显身手。当然，这些技术目前普遍还处于研发阶段。

3. 器官 3D 打印技术

医疗健康领域的终极目标就是解决人类的健康和长寿问题，器官更换技术堪称核武器。如果更换器官就像换机器零件一样简单，那么治病、长寿就是很轻松的事情了，与此可以抗衡的技术还有克隆技术（哪儿有问题，重新做一个就行了，甚至人都可以重新做一个）、基因技术（哪些基因有问题，改一下就行了，就像程序错了修改一下就正常了）。器官移植目前还主要依赖于活体器官，但活体器官短缺是瓶颈，费用也不菲，手术实施难度也大，排异性强。3D 打印目前在一些材质相对单一的打印领域已经初见成效，但在器官打印方面还处于研究探索阶段，核心问题在于器官的构成非常复杂，肌肉、血管、神经等的融合非常复杂。研究者们普遍认为，要实现真正功能健全、可移植的

3D打印器官，至少还需要10年的时间。10年时间说长也长，说短也短，如果真能实现轻松便捷的器官3D打印将带来人类健康医疗领域质的飞跃。很多人还是等得了10年的，未来真的是让人充满期待！

4.可穿戴或植入式健康管理系统

可穿戴的健康管理系统对于一般人来说并不陌生，智能手环算是最常见的。但是这种穿戴式的健康管理系统还比较简单，对于健康管理，我觉得以后还有很多领域可以大有作为，比如，穿戴设备的感应监测功能会更加全面，而不是简单地监测心跳血压等，还有就是通过长期的监测并且和治疗系统对接，实现健康治疗的全面管理，再有就是今后可以更直接地运用植入式的健康监测管理技术等。

总之，医疗健康是一个大产业，也有很多系统性的问题需要解决，人工智能可以大有作为，但并不是解决问题的根本所在，也不可能一蹴而就，需要多方面的长期共同努力方能见到明显成效。

健康乃商家必争之地
——BAT 的智能医疗产业布局

俗话说，吃五谷生百病。生老病死无一不和健康医疗有关。理所当然地，健康医疗产业成为人工智能企业的必争之地。下面，就让我们一起梳理一下百度、阿里巴巴、腾讯的智能医疗产业布局。

一、百度的智能医疗产业布局

百度是以搜索起家，所以几乎各行业都通过那个小小的搜索框与互联网迸发出前所未有的火花。医疗也不例外，在百度这个媒介的作用下，有关医疗的信息漫天飞舞。百度的智能医疗布局使其拥有比其他公司更多的大数据信息和受众人群。

2010年，百度与医疗信息平台"好大夫在线"合作，邀请上千名三甲医院的主任医师进行医疗词条的编撰，自此，百度正式进军互联网医疗领域。2013年底推出Dulife智能健康设备品牌；2014年7月与智能设备厂商和服务商联手推出"北京健康云"，实时监测用户健康数据；2015年1月与301医院共同探索移动医疗O2O模式。

2016年10月，"百度医疗大脑"在北京发布，"百度医疗大脑"是通过海量医疗数据、专业文献的采集与分析进行智能化的产品设计。"百度医疗大脑"模拟医生问诊流程，与用户多轮交流，依据用户的症状，提出可能出现的问题，反复验证，最终给出建议。

在百度医疗大脑和百度开放云的助力下，百度医疗将云计算、大数据和人工智能与传统医疗行业相结合，通过更加丰富的数据建立精准的用户健康画像，从而提供更精准的医疗匹配服务，推动互联网医疗平台的革命性提升。

二、阿里巴巴的智能医疗产业布局

阿里巴巴在B2C行业拥有绝对的市场和资源优势，而转战互联网医疗这个O2O行业，相较于别的公司具有市场和资源的优势。阿里巴巴在互联网医疗的布局从一开始就显得与众不同，从构建"未来医院"到推行电子处方，倒逼医药分家，每一步棋都直戳旧有体系的痛处。

总体看来，阿里巴巴的互联网医疗布局是以支付宝、天猫为框架，云峰基金为开路先锋，合纵连横。在医院端，入股了恒生电子旗下互联网医疗子公司恒生芸泰、战略投资华康医疗、搭建支付宝未来医院；在健康管理端，战略投资U医U药、寻医问药网；在智能设备端，大刀阔斧与上市医疗医药公司合作，包括在智能移动医疗设备方面与鱼跃科技合作，在医疗影像领域入股华润万东，与迪安诊断在体检检测领域战略合作；医药O2O领域则以天猫医药馆、阿里健康APP为核心，与卫宁健康共同探索处方流通，与医药商业公司白云山合作。

阿里巴巴在健康医疗领域的投资和布局，主要由旗下的阿里健康完成。阿里健康在港交所的前身是中信21世纪，2014年1月23日，中信21世纪向阿里巴巴和云锋基金配发44亿股，阿里巴巴由此成为公司大股东。同年10月,公司正式更名为"阿里健康信息技术有限公司"。

三、腾讯的智能医疗产业布局

腾讯依托微信、QQ积累的用户优势、用户活跃度在智能医疗领域大做文章。有用户即有资源,腾讯通过资本和资源的整合为用户提供便利有用的医疗健康信息和服务,同时也瞄准了健康管理越来越成为普遍需求的现实,为微信和QQ"分派"了不同的任务。尤其是微信的全流程就诊平台,通过着眼于现实生活中人们看病难、看病慢的问题,力求打造医院—医生—病人三者的信息交互平台,或将成为未来互联网医疗健康领域富有生命力的一大模式。

在宏观层面,腾讯逐步完成了地方政府、医院、医生到患者的布局,而在中观层面,腾讯对细分病种的布局也逐渐深入。总的来看,腾讯医疗的布局可视为一核(微信)多卫星(微医集团、春雨医生、丁香园、企鹅医生、好大夫在线等)。

在腾讯微信公众平台上完成认证的医院公众号接近2万个,近一亿患者通过微信公众号获取专业的医疗服务和资讯;国内超过1200家三甲医院中,超过80%开通了微信公众号,60%开通了就诊服务;通过微信支付,全国数千家医院每天为接近50万患者提供便捷的支付服务,节约排队等候时间;腾讯在线挂号服务平台已覆盖全国156个城市的1443家医院。

第四节　智能金融——理性与人性之间的较量

国家《新一代人工智能发展规划》对智能金融的表述如下:

建立金融大数据系统,提升金融多媒体数据处理与理解能力。创新智能金融产品和服务,发展金融新业态。鼓励金融行业应用智能客服、智能监控等技术和装备。建立金融风险智能预警与防控系统。

金融电子化、互联网金融、大数据、云计算、区块链、人工智能，在历次信息技术变革中，似乎金融都不会缺席，金融始终站在信息技术的潮流之巅。

2018年4月，中国人民银行、银保监会、证监会、外汇局联合发布《关于规范金融机构资产管理业务的指导意见》（即"资管新规"），对人工智能在资管业务中的运用提出了明确要求：

运用人工智能技术开展投资顾问业务应当取得投资顾问资质，非金融机构不得借助智能投资顾问超范围经营或者变相开展资产管理业务。

金融机构运用人工智能技术开展资产管理业务应当严格遵守本意见有关投资者适当性、投资范围、信息披露、风险隔离等一般性规定，不得借助人工智能业务夸大宣传资产管理产品或者误导投资者。金融机构应当向金融监督管理部门报备人工智能模型的主要参数以及资产配置的主要逻辑，为投资者单独设立智能管理账户，充分提示人工智能算法的固有缺陷和使用风险，明晰交易流程，强化留痕管理，严格监控智能管理账户的交易头寸、风险限额、交易种类、价格权限等。金融机构因违法违规或者管理不当造成投资者损失的，应当依法承担损害赔偿责任。

金融机构应当根据不同产品投资策略研发对应的人工智能算法或者程序化交易，避免算法同质化加剧投资行为的顺周期性，并针对由此可能引发的市场波动风险制定应对预案。因算法同质化、编程设计错误、对数据利用深度不够等人工智能算法模型缺陷或者系统异常，导致羊群效应、影响金融市场稳定运行，金融机构应当及时采取人工干预措施，强制调整或者终止人工智能业务。

近了，近了，我听到了智能金融的脚步声。

一、智能天然不是金融，但金融天然是智能

套用马克思那句经典名言，"金银天然不是货币，但货币天然是金银"，我们可以说"智能天然不是金融，但金融天然是智能"。智能金融被很多人认为是最有可能在中国落地的人工智能领域之一，我

也持这一观点。为什么金融自然而然地会青睐人工智能，我觉得有以下几方面因素。

首先，人工智能中快速有效的身份识别系统，恰恰是金融中安全管理的关键环节，安全性是金融首当其冲要保证的要素，人工智能可以为金融安全加把锁。

其次，金融是和数字打交道的行业，数量、价格、风险等金融领域的关键指标都离不开数理分析。银行的各种风险控制指标、信贷指标、证券的各种值、各种线分析，保险的概率精算等恰恰是人工智能算法模型可以大行其道之处。

再次，金融就是货币资金的融通，核心是管理好资产价值和价格、信用和风险、收益和预期等，而资产价格模型、信用风险模型、预期模型等需要用大数据做支撑，开展智能化的分析。比如，在蚂蚁金服旗下，以芝麻信用为大数据支撑开展了一系列小额贷款业务，根本不用看申请人的征信情况，不良率在1%以下。

最后，金融是一个高度依赖信息技术的行业，金融信息化历来走在各行业的前列。金融业在20世纪80年代就开始发展金融电子化，有高素质的员工队伍和IT人员队伍，比较注重新技术的投入和应用，在人工智能应用方面有扎实的技术和人才底蕴，特别是有雄厚的资金实力。以工农中建四大国有商业银行为例，每个行都有上万人的信息科技人员，每年的IT投入都在数十亿元以上，今后的趋势是前台柜员逐渐减少，但信息科技人员和IT投入不断增加，有人大胆预测，在智能金融时代，银行的信息科技人员将占到一半以上。目前，工农中建四大国有商业银行分别和BATJ（百度、阿里巴巴、腾讯、京东）四大电商开展了合作，可以预想，今后的银行必然是智能化的银行。

二、智能金融将是理性与人性之间的较量

与此同时，我们也要看到，人工智能的理性在金融领域将面临着人类非理性行为的挑战。人工智能是一种理性的量化计算、逻辑推理，而金融是与人的性格、情绪、行为等密切相关的，人性并非完全理性，

存在着恐惧、贪婪、盲从等现象，这是数字金融与行为金融的区别。人工智能的理性必须和人类的不理性有机结合起来才能有生命力。

首先，信息是否充分。信息经济学理论认为，信息不对称会导致道德风险与逆向选择。金融市场里利用信息不对称进行虚假诱导甚至欺诈的行为比比皆是，人工智能能够在一定程度上发挥数据和分析的作用，但不可能杜绝虚假信息。因此，需要综合利用多种措施手段来遏制金融市场的虚假信息和诱导欺诈。

其次，市场是否有效。与前一点相关联的是有效市场假说，美国经济学家法玛（Fama）提出了"有效市场假说"，他认为，在有效市场的假设下，股价能够充分反映所有信息，因此不合理的价格将被很快消除。根据投资者可以获得的信息种类，他将有效市场分成了三个层次：一是弱式有效市场，以往价格的所有信息已经完全反映在当前的价格之中，所以利用移动平均线和K线图等手段分析历史价格信息的技术分析法是无效的。二是半强式有效市场，除了证券市场以往的价格信息之外，还包括发行证券企业的年度报告、季度报告等在新闻媒体中可以获得的所有公开信息，依靠企业的财务报表等公开信息进行的基础分析法也是无效的。三是强式有效市场，既包括所有的公开信息，也包括所有的内幕信息，例如，企业内部高级管理人员所掌握的内部信息。如果强式有效市场假设成立，上述所有的信息都已经完全反映在当前的价格之中，所以，即便是掌握内幕信息的投资者也无法持续获取非正常收益。有效市场假说的前提是一个"完美的市场"，而这样的市场在现实中是不存在的，所以，那些基于"完美理论推理"的智能算法在现实中是有偏差的。

最后，投资者是否完全理性。根据行为金融学的理论，人的行为并非完全理性，会受各种因素影响，包括个人的风险偏好不一样，投资行为受制于自身知识和能力限制，会受"噪音"干扰，存在"羊群效应"，等等。人工智能分析必须和个人的行为心理特征结合起来才能提出更有针对性的金融行为建议。

综上所述，对人工智能在金融领域的应用要视情况对待。对于标准化的工作，可以充分发挥人工智能的作用，对于涉及投资、分析的行为，可以发挥人工智能的决策支持作用，但绝不能盲信"数量金融"，一定要考虑到投资者的个体差异，把决策权留给投资者本人。

三、智能金融脱离不了金融本质，切勿以智能的名义破了金融的规矩

近年来，金融科技的口号越喊越响。金融科技（FinTech）是金融还是科技？众说纷纭。我认为，金融无论与何种载体结合，以何种形式手段展现，都不能脱离金融的本质，不能纯粹为了"圈钱"而编故事。人工智能与金融结合成智能金融，固然也应当受到金融规则的管束。以现在热门的几个互联网金融为案例来分析一下。

其一，网络借贷（P2P）。现在如果搜索"P2P"，马上会出来一大串 P2P 爆雷、P2P 跑路等信息，P2P 似乎成了网络诈骗的代名词。不能借高科技的名义，换着马甲行不法之举。网络借贷也是借贷，相应的信用管理、抵押管理、风险准备机制等必不可少，不然就成了监管的真空地带。有一位监管官员曾经做了一个很形象的比喻，线下的高利贷、非法集资受监管，好比用有形的刀杀人会被处罚，难道改成线上后，就可以不受监管了，好比用看不见的激光杀人就可以不受追究了。

其二，网络理财。现在有人调侃说，去相亲见了十个姑娘，有七八个都是搞金融的，主要是网络理财的。网络理财改变的是交易手段，改变不了的是理财的本质属性，也需要进行信息披露、合规风控、穿透管理，要严格控制期限错配、资产池等。如果没有这些，所谓的网络理财，不外乎是披着网络的面纱玩击鼓传花、抢帽子的骗人游戏。

其三，虚拟货币。2018 年金融业的一个热点话题是整顿包括比特币、ICO 等在内的虚拟货币。我认为，虚拟货币和电子货币的最大区别在于，虚拟货币是虚构出来的货币，而电子货币是电子化的货币。比如，我有 100 万元现金是实物货币，电子货币只是把形式改为电子；而虚拟货币是我没有 100 万元，我虚构并且对外宣称有 100 万元。无论以何种形式存在，货币都应该具备价值尺度、流通手段、储藏手段、

支付手段等基本功能，而不是纯粹虚构的一个数据。现在，主管部门加大电子货币研究力度，严格监管比特币，坚决取缔ICO，这是回归货币本质的必然趋势。

可喜的是，现在金融管理部门加大了对互联网金融的监管力度，一些金融科技企业也纷纷表示要专注于科技，而不是盲目做金融。

前事不忘，后事之师。智能金融时代，但愿能够少一些借智能之名，破金融规矩、行不法之举的现象发生。

遍地开花争奇斗艳
——人工智能在金融领域的应用案例

金融业作为高度信息化的行业，在人工智能探索方面当然不甘落后。下面，让我们一睹其风采。

一、建设银行建成国内第一家无人银行

2018年4月9日，位于上海九江路"银行一条街"的建设银行九江路支行，将其重新改造后的一层营业网点对外开放，这里成为国内第一家"无人银行"网点。

从机器人取代大堂经理开始，无人银行便显示出与普通银行网点中自助终端的区别：无人银行中不仅有大量智能化的自助终端，还通过技术与理念创新，将银行各个环节的智能服务串联起来，并通过互联网技术拓宽服务领域，从而实现了整个网点的无人化。

虽然目前银行业务还难以实现百分之百的无人化，但无人银行为银行网点转型打开了想象空间。一方面，无人银行搭建了智能服务的平台，银行金融服务的各类新技术、新设备都能在这个平台上最先应用，让无人银行的服务功能不断更新升级；另一方面，建设银行的这家无人银行成为集金融、交易、娱乐于一体场景化共享场所，改变了人们对传统银行网点程式化、专业化的印象。

二、平安集团引入人工智能新技术

平安集团设立平安科技人工智能实验室，大规模研发人工智能金融应用。

平安集团运用人像识别技术，在指定银行区域进行整体监控，识别陌生人、可疑人员和可疑行为，提升银行物理区域安全性，该套系统还能识别银行 VIP 客户等，实现个性化服务。在平安天下通 APP 上，平安利用人脸识别技术进行远程身份认证，用户根据系统提示，完成指定动作识别，即可进行 APP 解锁、刷脸支付以及刷脸贷款等。

平安集团应用人工智能技术，整合旗下保险、基金、银行、证券等客服渠道为 95511 智能客服。用户拨打后直接说出服务需求，系统识别客户语音内容，即可转接相应模块，大幅节省了客户选择菜单的时间。智能客服还可以进行简单问题回复，复杂问题则转人工进行支持，人机结合有效解决了客户问题。

三、蚂蚁金服将人工智能与业务有机融合

蚂蚁金服将机器学习、自然语言处理等技术与业务深度融合，提高金融服务水平。

比如，运用人工智能手段开展车辆受损评估，使原本数小时的索赔过程缩短至几分钟，保险公司也可以在短时间内作出响应，根据需求为用户提供更好的产品和服务。

蚂蚁金服还提供智慧助理服务。用户可以直接和智慧助理对话，可以预定食物、找电影、问淘宝或者天猫的产品什么时候送到，等等。

在风险管理领域，蚂蚁金服用人工智能和深度学习处理问题。例如，利用虚拟系统扫描交易，分析有什么风险，如果真有风险，会进一步追踪，能马上知道哪个账户被滥用。

四、太平洋保险集团试水智能投研

智能投研作为智能金融的重要一环，由于受众专业、技术难度较高，目前仍属于成长期。

作为辅助智能金融的新型工具，智能投研将利用机器的学习能力，理解投研人员在不同阶段和场景下的不同研究诉求，在金融风控、普惠金融等方面发挥实际作用。

太平洋保险集团委托 Giiso 设计了智能投研平台方案，搭建了研报智能管理系统，实现了研报的智能搜索、自动分类、摘要生成及写作等功能。

太平洋保险集团希望利用人工智能、大数据等技术武装，改变传统的高度依赖人工进行数据处理的工作方式。而 Giiso 基于自然语言处理、深度学习等人工智能技术，为太平洋保险集团设计的智能投研平台将传统投研向半自动化和智能化转变，通过人工智能技术进行数据获取、提取、存储、分析、关联等，实现数据管理智能化、数据搜索高效化、数据报告输出自动化，从而提高工作效率。

 ## 第五节　智能家居——带来的是无处不在的智慧，带不来的是家的感觉

2027 年 9 月 14 日，星期二，农历中秋前夜。张杨玺萌忙碌了一天，送走了应酬的客人，拖着疲惫的身躯回到家中。

智能空调已经将室温提前调整好，家庭智能管家"可心"送来了解酒的饮料，帮助按摩颈肩放松身体，智能热水器已经调好了水温，衣物也已经准备就绪。

第二天中秋，父母将从广东老家来玺萌家住一段时间。书房已经根据老两口的起居习惯变换为卧室，卫生间也准备了防滑的设施，智能影像系统（注意：已经不是单纯的电视了）根据老人的习惯设定好了推荐的节目，房间的智能安防系统已经存储了老人的信息。

智能厨房系统为第二天的中秋家庭聚会准备了精心的菜品。玺萌最近应酬较多，高油高糖高脂食物摄取过量，饮酒也不少，最近体检的胆固醇和甘油三酯偏高，因此，在菜品准备上自动避免了高热量食物，以素食为主，用低酒精饮料替代了白酒。考虑到爸爸是广东人，专门准备了老人家喜爱的两道粤菜，妈妈是湖南人，还配了两道辣菜。

根据菜品需要提前备好原材料，采用的都是有机食品，为了保证原料质量，从生产的农户一直到送货上门，各个环节的信息都是可视化、可追溯的，智能配送机器人直接将原材料送到家门口。

中秋当日，智能厨房系统根据老人的定位信息，及时准备菜品。当老人高兴地踏进家门，与儿子热情拥抱时，一桌热气腾腾，健康而又可口的饭菜正好准备完毕，等待的将是家人团聚的幸福和欢笑。

若干年后，这也许就是智能家居的真实场景。

国家《新一代人工智能发展规划》关于智能家居的表述如下：

加强人工智能技术与家居建筑系统的融合应用，提升建筑设备及家居产品的智能化水平。研发适应不同应用场景的家庭互联互通协议、接口标准，提升家电、耐用品等家居产品感知和联通能力。支持智能家居企业创新服务模式，提供互联共享解决方案。

一、智能家居带来的是无时无处不在的智慧

智能家居不等于智能家电，但智能家电是关键。智能家居至少还包括智能身份识别系统（可以通过声音、人脸、指纹等生物特征进行身份识别）、智能安防系统（自动感应、报警等）、智能综合布线系统（电力、通信、照明、温湿度等）、智能家庭助手（可以提供看护照料、生活辅助等服务），甚至还会有非常高大上的智能整体家装，简单地说，智能时代的家庭装修是高度灵活机动的，由于房间空间限制，家庭可以根据使用者的个性化需求，轻松折叠收纳，任意组合变换功能，客厅可以秒变卧室，厨房可以秒变餐厅，等等。

我认为，智能家居的智能主要体现在水平智能化和垂直智能化两个维度。

所谓水平智能化，指的是家居各个方面智能的水平协同。人们通过生物识别技术与家庭综合布线系统、智能家电终端、外部信息来源等方面实时互联，实现信息交互，推动吃穿用住行、工作学习休闲交际、采购支付配送等的一体化协同。用通俗的话来描述，在智能家居时代，人们在家庭外的信息与家庭信息互联，家庭内各种信息互联，人与周围环境互联。

所谓垂直智能化，主要是指智能化的程度会由简单向高级深化。

通常而言，人工智能根据智能化水平从低到高分为单一智能、综合智能和超级智能。现在智能家居普遍还停留在单一智能水平，比如，扫地机器人只能扫地，智能电视只能看电视，等等。随着人工智能技术的发展，在家居方面将会有综合智能的出现，到那时，既能洗衣，又会做饭，还会拖地的机器人将不足为奇。当然，何时能够出现具有自我意识、情感和个性的超级智能还是个未知数，也许根本就不会出现。

二、智能家居带来不了的是温馨安全的家庭港湾

智能家居给我们的家庭生活带来了便利，提高了信息化水平和科技含量，能够为我们分担大量脏苦累、琐碎枯燥的家务工作，让我们能够更好地享受家庭生活。但我们也不能不重视智能家居可能存在的不足。

一方面是安全性问题，主要是隐私泄密的问题。一个典型的例子是智能安防系统，在系统不被破解的情况下大门固若金汤，是铜墙铁壁，一旦被人破解后就会大门敞开，开门延客。在智能环境里，个人的信息和家庭各种终端乃至外部信息系统是实时联通的，在带来极大方便的同时，也存在着巨大的个人隐私泄露风险。在智能时代，人工智能还会进入人的饮食起居等各个领域，如果被人远程操控，会不会被人下毒，将人电死……

另一方面是亲情的问题。在家庭里，机器永远代替不了人，人有亲情感情，有人文体贴，是有血有肉之躯，不是冷冰冰的机器。特别是带有大量情感因素的工作机器不能替代，比如，机器可以教孩子知识，但却代替不了父母的疼爱；机器可以照顾老人的起居，却代替不了儿女的孝顺；机器可以分担家务劳动，但却替代不了夫妻间的恩爱。

在智能家居时代，人工智能是人的生活好助手，能够提供很多便利，不怕脏、不怕苦、不怕累，但很难完全替代人的自主性，在情感上很难提供家庭般的温暖，而且安全性问题不容小觑。

智能家居，带来的只是智慧，并不完全是家的感觉。

国内智能家居创领典范
——海尔智能家居风采展示

智能家居是一个多功能的技术系统，包括家居布线系统、家居安防系统、家庭自动化系统和家庭体验系统等。目前国内的各种智能化系统和产品很多，但系统相互独立、集成度比较低、各个系统相互联系不大、家庭内部没有统一的平台。海尔集团在介入智能家居领域以后，把重心放在了智能家居平台的研究上，重点研究各个家庭智能化系统的整合。

海尔智能家居是海尔集团在信息化时代推出的一个重要业务单元。它以U-home系统为平台，采用有线与无线网络相结合的方式，把所有设备通过信息传感设备与网络连接，从而实现了"家庭小网"、"社区中网"、"世界大网"的物物互联，并通过物联网实现了3C产品、智能家居系统、安防系统等的智能化识别、管理以及数字媒体信息的共享。海尔智能家居使用户在世界的任何角落、任何时间，均可通过打电话、发短信、上网等方式与家中的电器设备互动。正可谓：行在外，家就在身边；居于家，世界就在眼前。

海尔集团根据社区智能化及家电的发展趋势，结合小区智能化技术以及家电网络化技术，开发了包括家庭网关（家庭智能终端）、网络空调、网络热水器、网络洗衣机、网络洗碗机、网络冰箱、网络微波炉等在内的全系列网络家电产品。

海尔的网络家电产品具有以下主要功能：

1.远程控制：通过远程的电脑、电话、手机便可对家中的热水器、空调等电器进行操作，如进行空调、热水器的远程开关、温度调节等。

2.远程查询：通过远程系统，可以查询家中电器的工作状态，如空调、热水器等是否关闭。

3.可以实现对家电的集中统一控制与管理,如可以科学分配电力等能源供应,实现分时供电,合理调配大功率电器的协调运行。

4.对不正确的信息可以自动判断并反馈到服务中心的计算机系统中,使厂家能立即为用户提供远程或上门服务。

5.生活模式控制:连在家庭网络上的电器,可以根据主人的生活规律和生活习惯,通过自主学习,实现自动启停、自动改变运转状态,从而方便人们的日常生活。

以海尔智能浴室为例,它结合了健康、物联、娱乐等系统,其中智能健康管理功能可以帮助用户随时了解自己的身体情况,实现实时的心率、体脂监控,美颜净水机则可以软化水质,更加呵护面部皮肤。而智能洗浴功能可以让用户进行智能预约,做到节能省电。智能娱乐功能可以让用户在洗浴的过程中观看电影、玩游戏等,让洗浴时间不再无聊。智能魔镜则可以深度连接互联网设备,打造专属于用户的智能娱乐生态圈。

 ## 第六节　人工智能:要锦上添花,更要雪中送炭

一说到人工智能,很多人首先会想到的是超强的记忆能力,超快的计算速度,能够提供各种智能化服务的机器人,工作生活中的得力助手,等等。无论是在科幻电影里,还是在各种高科技展览中,人工智能给大家的印象一直是高端大气上档次的。但在我看来,人工智能还应当更多地在急难险重、脏苦累行业里发挥作用。人工智能的强并不体现在能够干多少人类可以干的事情,而是能够干多少人类很难干或者不能干的事情,真正为人类分忧解难,实现机器与人的协同与互补。有专家概括指出,人工智能要更多地从事4D领域的工作,也就是Dangerous(危险的工作)、Dirty(肮脏的工作)、Difficult(困难的工

作）、Dull（无趣的工作）。高空井下、抢险救灾、有毒有害、高温危险等领域更是人工智能应该大显身手的领域。人工智能，要锦上添花，更要雪中送炭。

一、人工智能让"蜘蛛人"不在风中摇曳

朋友，当你坐在窗明几净的高楼大厦里办公时，当你向窗外远眺的时候，你有没有想过那些仅靠一条安全绳系在腰间为你擦洗玻璃外墙的"蜘蛛人"，你有没有想过他们在风雨中飘摇的揪心感受。据估计，中国的高空服务企业有2万多家，"蜘蛛人"有数十万人。据住房和城乡建设部统计，自2003年以来，每年发生高空坠落事故450起左右，高处坠落事故分别占施工事故总数和死亡人数的52%和48%。机器无情人有情，如果让人工智能去干这些工作，是不是可以减少一些悲剧的发生呢？

清洗外墙的"蜘蛛人"

二、人工智能让城市更具"良心"

朋友，当你轻松享受着水电气暖、网络电话电视等各种服务的时候，当你家中的污水、天空的雨水源源不断地往外排放时，你有没有想到

这些都要归功于城市地下管线工程（地下管廊），你可知在大地脚下还有另外一个世界、另外一番景象。都说地下管廊是城市的"良心"，当你看到管道工人满身泥泞、满脸泥污地在抢险施工的时候，当他们用勤劳的汗水甚至健康和生命的代价为你送来了光明和温暖的时候，你的"良心"是否也为之一动？人工智能是否能够进行一些常规的地下管道操作呢？

三、人工智能扮演安全生产的"保护神"

朋友，如果你关心安全生产的话，你一定不会忘记那些在井下作业的煤矿工人兄弟，当你看见那些煤矿工人黑黝黝的脸庞上纯真的眼神，当你看见他们妻子儿女那些期盼而又担忧的眼神，你的心中是否充满了怜悯。2018年1月29日，国家煤矿安全监察局局长黄玉治表示，2017年，全国煤矿共发生事故219起、死亡375人。如何将矿山井下的安全事故和伤亡降低到最小是我们共同关心的问题，人工智能是不是可以更好地扮演安全生产的"保护神"，为广大工人同胞撑起一把"保护伞"呢？

四、人工智能勇当抢险救灾的"排头兵"

朋友，当你看电视、报纸、微信新闻的时候，是不是经常为那些火灾、地震、爆炸等灾害所带来的巨大人身和财产损失而痛心，你是不是为那些奋战在抢险救灾一线的武警官兵、消防员捏一把汗。血肉之躯，哪能敌得过地震海啸、洪水泥石流、火海爆炸的冲击，危难关头，人工智能"钢铁侠"是不是可以挺身而出、大显身手呢？

五、人工智能充当有毒有害工种的"防护罩"

朋友，也许你此刻正坐在电脑旁边悠闲地上着网，或者正低头看着手机，但你有没有想过，在你的身边，在你的亲戚朋友当中，是不是还有不少人正在从事着高温严寒、有毒有害有辐射等工种，经历了长年累月悄无声息的影响后，他们的工作环境可能会对健康产生很大危害。你是不是亲眼见过或亲耳听过一些人饱受职业病痛折磨的辛酸和苦楚。根据官方的统计数据，目前我国每年报告的职业病患者大概有几万人，但实际上受职业病侵害的人数远不止这个量级，只不过很多人还没有达到职业病认定的标准，或者没有直接往职业病上关联。为了让更多的人少受有毒有害等工作环境的危害，减少职业病隐患，人工智能是不是可以冲在前面，充当恶劣工作环境中的"防护罩"呢？

六、人工智能成为偏远山村精准脱贫的"助推器"。

朋友，也许你正在大城市里过着衣食无忧、富足安逸的幸福生活，但你有没有想过，我们国家还有近3000万人生活在贫困线以下，按照现行标准（2016年），他们每人每年的纯收入还不到3000元，这可能只是你一个星期的收入水平。刘强东说过，现在我们已经富起来了，中国富到了什么程度？富到了有人说赚一个亿是一个小目标了，富到了在全世界买买买，在这么富有的时候，在我国还有几千万人口生活在极端贫困的状态。这是整个中国人特别是中国已经富起来的我们这些富人的耻辱。在偏远的山区农村，孩子们渴望学习知识和了解外面的世界，农民朋友们渴望市场信息和种养知识，老人们渴望医疗看护，大量的农产品需要往外运输，而山高水长阻隔了山村与城市的联结。人工智能是不是正当其用，是不是应该为农村精准脱贫助一臂之力呢？

危难时刻显身手
——形形色色的特种机器人

我们通常将机器人划分为工业机器人、服务机器人和特种机器人三大类。相对于前两类而言，特种机器人不为常人熟知，却经常在急难险重环境里大显身手。下面，让我们来领略几种特种机器人的风采。

一、消防（灭火）机器人

消防（灭火）机器人具有独特的透雾及精准识别功能，可作为消防作战中的先遣兵，准确识别火场中遗留人员和火源位置，使得救援更有效、灭火更迅速。它的履带采用特殊材质加工而成，最高可承受750℃高温。它可以通过远程遥控行走、爬坡、登梯及跨越障碍物。它能够适应多种环境，耐高温、抗热辐射、防雨淋、防化学腐蚀、防电磁干扰等。

这类机器人有的还具有"排爆"功能。它的机械臂灵活轻巧、自由度大、性能稳定，整体适应性强。可在泥泞路面、城市废墟、煤矿及油田等多种地形快速移动，对危险物进行探测、抓取、转移、搬运、销毁，可代替安检人员到化工类易燃易爆场所对可疑物进行实地勘察。

二、管道检测机器人

城市管道系统巡检工作环境恶劣、检测难度大。管道检测机器人"身材"小巧，可钻入直径小于80厘米的地下管道，具有防水、抗高温和重量轻等特点，可以超过0.5米/秒的速度在−30℃到50℃的环境中连续工作。

管道检测机器人能通过多传感器融合技术准确判断管道泄漏点，检测管道内部是否存在破裂、变形、腐蚀、异物侵入、沉积、结垢和树根障碍物等病害，在施工、维护保养、定期检验中发挥重要作用。

这种机器人通常包含履带式爬行器、控制系统以及电动收线车系统三部分。它可在管道内直视和侧视,提供清晰的成像效果。同时,在高分辨率彩色监视器上实时显示管道内视频画面信息以及声呐分析图像,并将所探测到的状况实时提供给检测工作人员,从而形成准确、专业的检测报告,为后期管道修复工作提供可靠依据。

三、水下机器人

水下机器人主要分为两大类:一类为观测级,主要用于海洋科考等方面,功率相对较小;另一类为作业级,主要用于海洋救捞、海底施工作业等方面,功率相对较大。

水下机器人的惊人之处在于,它所处的水下环境要比水上环境更为复杂,所以其需要更加过硬的本领才能完成正常的工作。复杂的智能控制系统和监测识别系统是水下机器人的关键技术,保证了水下机器人可以正常稳定运动和看清周围环境。

以目前全球范围内功率最大的无人遥控潜水器ROV为例,这种水下机器人主要用于对深海水下沉船沉物等进行应急救险、搜寻和打捞等作业,也能应用到海洋深水工程辅助作业等方面。它凭借强大动力,能深入3000米海底,轻松提起4吨的重物。同时,该机器人的操作精度非常高,能达到几毫米,可以在水下捡起一根针。

参考文献

［1］迈尔·舍恩伯格.大数据时代——生活、工作与思维的大变革［M］.
    杭州：浙江人民出版社，2013.

［2］尼科·莱利斯.脑机穿越——脑机接口改变人类未来［M］.杭州：
    浙江人民出版社，2015.

［3］马尔科夫.与机器人共舞——人工智能时代的大未来［M］.杭州：
    浙江人民出版社，2015.

［4］凯文·凯利.失控——全人类的最终命运和结局［M］.北京：电子
    工业出版社，2016.

［5］明斯基.情感机器——人类思维与人工智能的未来［M］.杭州：浙
    江人民出版社，2016.

［6］松尾丰.人工智能狂潮——机器人会超越人类吗［M］.北京：机械
    工业出版社，2016.

［7］爱德华.数字法则——机器人、大数据和算法如何重塑未来［M］.北京：
    机械工业出版社，2016.

［8］刘知远.大数据智能［M］.北京：电子工业出版社，2016.

［9］库兹韦尔.人工智能的未来——揭示人类思维的奥秘［M］.杭州：
    浙江人民出版社，2016.

［10］卡普兰.人工智能时代［M］.杭州：浙江人民出版社，2016.

［11］吴军.智能时代——大数据与智能革命重新定义未来［M］.北京：
    中信出版社，2016.

［12］神崎洋治.机器人浪潮——开启人工智能的商业时代［M］.北京：
    机械工业出版社，2016.

［13］刘凡平.大数据时代的算法——机器学习、人工智能及其典型实例
　　　［M］.北京：电子工业出版社，2017.

［14］尤瓦尔·赫拉利.未来简史——从智人到智神［M］.北京：中信出版社，
　　　2017.

［15］朱福喜.人工智能（第3版）［M］.北京：清华大学出版社，2017.

［16］李彦宏.智能革命——迎接人工智能时代的社会、经济与文化变革
　　　［M］.北京：中信出版社，2017.

［17］李开复.人工智能［M］.北京：印刷工业出版社，2017.

［18］周志敏.人工智能——改变未来的颠覆性技术［M］.北京：人民邮
　　　电出版社，2017.

［19］吴霁虹.未来地图——创造人工智能万亿级产业的商业模式和路径
　　　［M］.北京：中信出版社，2017.

［20］杨澜.人工智能真的来了［M］.南京：江苏文艺出版社，2017.

［21］腾讯研究院，中国信通院互联网法律研究中心.人工智能［M］.北京：
　　　中国人民大学出版社，2017.

［22］陈宗周.AI传奇——人工智能通俗史［M］.北京：机械工业出版社，
　　　2018.

［23］李征宇.人工智能导论［M］.哈尔滨：哈尔滨工程大学，2018.

［24］杨爱喜.人工智能时代——未来已来［M］.北京：人民邮电出版社，
　　　2018.

返本归元：
一个人工智能发烧友的心路历程

写到这里，终于可以长长地舒一口气。经过一年多时间的资料收集、构思酝酿、写作修改，几易其稿，这本关于人工智能的通俗小读物终于可以和读者朋友们见面了。掩卷长思，回望与人工智能相伴的心路历程，不免思绪潮涌。

一、源 @ 研究人工智能之思想源头：为了一种未了的情结和一种初生的情怀

时光回溯到约莫 20 年前，在 20 世纪末、21 世纪初的神州大地上，一场空前迅猛的互联网大潮正在蓬勃兴起，它改变了我们的世界，改变了我们的生活，也深深打动了我们那些年轻而躁动的心，在我们的内心深处种下了深深的互联网情结。20 年过去了，变化的是沧桑和岁月，不变的是对信息技术、前沿科技的热爱，这期间，不管工作多忙，我都时刻保持着对互联网、大数据、共享经济等的高度关注，最近几年再度蓬勃兴起的人工智能也是后互联网时代的产物，它很快就深深地吸引了我。所以，研究人工智能实际上是完成一个夙愿，以期了却多年来的一个情结。

光阴荏苒、岁月如梭，20 年弹指一挥间。当年的青葱少年脸上早已爬满了岁月的痕迹，但内心依然年轻，对新技术、新趋势、新思潮依然保持了热情。正所谓位卑未敢忘忧国，庶民心中也难免会有一份家国情怀。在实现国家富强、民族振兴、人民幸福的中国梦的伟大征程中，党的十九大报告把人工智能提升到国家改革发展的重要战略高度。怀着激动和忐忑，凭着野叟献暴之心，以自己的鼯鼠之技、袜线之才，斗胆提笔写下自己对人工智能的认识和观点，为人工智能的发展献上自己的绵薄之力。

二、圆 @ 圆著书立说之夙梦：器识为先，文艺其从，立德立言，无问西东

清华大学校歌中写道："器识为先，文艺其从，立德立言，无问西东。"虽然没有在清华大学求学过，但这几句话一直深深地影响着我。

所谓"器识为先，文艺其从"，我的理解，它是教导我们要内外兼修、德才兼备、文理兼通。正是在这种精神的熏陶下，清华大学培养出了钱学森、钱伟长、钱钟书这样的大家巨擘。虽是无名小辈，不能望其项背，但也一直注重对自身综合素质的培养，保持了对前沿科技的关注，也一直没有忘记人文知识的积累；曾经痴迷于数理化，也一直沉醉于中国传统文化的熏陶。如何把科技知识和人文知识有机结合起来，用通俗易懂的语言向大众传递科学知识，是自己孜孜以求的努力方向。

所谓"立德立言，无问西东"，我的理解，它是教导我们无论背景经历如何、所处地位环境如何，都要树立好自己的品德和言论。我们这一代人非常幸运，有良好的受教育机会，是在书香浸润中成长起来的，所以更应该倍加珍惜，在勤学不辍的同时，还应当努力用自己的所学所思回馈社会。小时候，每当读到一本好书，总让人心驰神往，感觉是和作者在进行心灵交流，羡慕之余，自己心中也蕴藏着著书立说的梦想。今天，这一梦想终于实现了，虽然作品还很浅薄粗陋，但也敝帚自珍，如获至宝。

三、愿 @ 但书心中之愿：岂能尽如人意，但求无愧我心

尽管经过了很长时间的思量和准备，才写下本书，但心中还是充满了忐忑。

忐忑自己水平有限，担心误导读者、贻笑大方。虽然自己也读了

不少书，但毕竟所学的专业和从事的工作主要集中在经济金融和管理领域，与信息技术确实相去甚远。尽管自己时不时会玩一把跨界，但这一次确实跨度太大。要做到这一点，全凭自己的兴趣爱好和业余学习，的确没法与科班出身的专业人士一决高下。

忐忑自己文采不足，担心文风枯燥、让人乏味。自己也算是一介书生秀才，之前出于考科举求功名也写了一些学术八股，为了工作谋生也写了不少官样文章，但要把人工智能这样高大上、专精尖的文章写得通俗易懂而又生动有趣，着实是一件困难的事情，这种类似于杂文随笔的文体对于写惯严肃文章的人来说真是不小的挑战，好比唱了一辈子京剧的老生突然要改唱 RAP 一样。

鉴于此，本人在写作过程中，力求源于本真，做到无愧本心。

一方面坚持走通俗易懂接地气的路线，努力做人工智能领域的通俗知识传播者。我不是技术控，也不是人工智能方面的专业工作人员，虽然看过这方面的一些书籍，了解了很多相关知识，但对人工智能的专业知识掌握甚至还达不到一个专业领域本科毕业生的水平。但我也发现，人工智能方面的很多文章，特别是学院派专家撰写的文章，过于艰深晦涩，只有少数专业人士能够静下心来阅读，而大多数人却只能望而却步。人工智能固然有高大上、阳春白雪的精英气质，但它也要有亲民、接地气的草根基础，人工智能固然是少数技术专家研究出来的，但它终归要飞入寻常百姓家，成为影响芸芸众生衣食住行的基本生活元素，每个人都会有兴趣和权利去了解它、使用它、喜欢它，它理所当然不应该曲高和寡、远离凡尘。为此，本书坚持用外行能够看得懂而且愿意看的语言和表达方法来阐释人工智能，希望能够得到大家的喜欢。

另一方面坚持走客观公正讲真话的路线，努力做人工智能领域的独立评论人。我不从事与人工智能相关的研究工作、投资工作等，我的言论不代表任何组织，不具有任何功利目的，没有任何经济和商业的目的，纯粹是个人的独立见解，坚持自主思考，独立发声。我不会别有用心地夸大吹嘘或者危言耸听。在我的言论中，会对业内专家、前辈的言论进行引用转述，但本着百花齐放、百家争鸣的原则，不会对任何人的观点进行攻击诋毁或者贬损歪曲。我也希望我的观点能够为人工智能这个繁花似锦的花圃增添一点颜色，可能并不成熟，可能有失偏漏，但希望能够得到大家的宽容和理解，而不是斥责和嘲讽。无论如何，只要是对人工智能向前发展抱有积极的心态，不论持什么样的观点都应该得到包容和鼓励，这也是人工智能时代最基本的宽容心态。

四、缘 @ 感恩相伴偕行之缘——因为有你们，所以有此书

有人说，选择是困难的，但改变更难，而最难的是坚持。人生如此，写一本书何尝不是如此。最初做出写一本人工智能通俗读本的选择就意味着走上了一条漫长而艰辛的不归路，中间几易其稿，一次次将自己的思路和文字推翻重来，无异于是对自己的一次次否定，最后能够坚持到付梓出版，实属不易。在这一过程中，除了自己的坚持和执着外，还要感谢很多人对我的传授、支持、鼓励等。

要感谢人工智能领域的大咖们。是你们用自己的思想和智慧点亮了我的人工智能求索之路。在学习写作过程中我阅读了大量人工智能方面的书籍和文章，一些大咖们的思想给了我很大的启发，包括凯文·凯利、尤瓦尔·赫拉利、杰瑞·卡普兰、李彦宏、李开复等。

要感谢我的爱人姜晓莉。在得知我要"不务正业"，写作人工智能方面的作品之后，她不但没有抱怨，反而给了我很大的支持。要知道，这期间单位工作非常忙碌，家庭事务也最忙碌。大儿子需要陪伴，小儿子刚刚出生，家里压力非常大。她毅然承担起了繁重的家庭事务，使得我能够挤出各种零碎的时间来学习思考写作人工智能。文章写出来后，她是我的第一个读者，从一个真正外行的角度给我提出修改的建议，为我核校文稿。她还帮我注册申请微信公众号，教我在朋友圈连载发表文章，让我这样一个微信"潜水员"着实"网红"了一把。

要感谢我的两个儿子元元和朔朔。通过写书的过程，爸爸想告诉你们，人一定要有自己的兴趣爱好和理想追求，凡事只要努力和坚持，

辅之一定的方法技巧，最后终会有成果。

要感谢我的亲朋好友。在我通过公众号、朋友圈发布本书内容的时候，你们给了我莫大的支持和鼓舞。关键时刻见真情，大家纷纷帮我转发推广，有的向我提出好的意见建议，有的给文章核稿勘误，这些让我感动不已。你们都是本书的背后无名英雄，在此不一一致谢。

要感谢中国金融出版社。作为一名金融从业人员，翻看过中国金融出版社出版的很多书籍，深知中国金融出版社在金融乃至财经社科出版领域的权威地位。拙作能够有幸在中国金融出版社出版，要感谢查子安副总编辑的关爱，感谢他在百忙中拨冗赐教，给予我莫大的鼓励；要感谢张铁主任的斧正，经过点拨和指正，让本书实现了从信手之作向专业出版物的蜕变。

五、远 @ 远瞻未来之妙：人工智能时代该怎么看，该怎么干

就像电气化时代、网络时代一样，人工智能时代终将到来，因为它已经曙光初绽。

作为普通民众，人工智能时代我们该怎么看？

首先，看清大势。天下大势，浩浩汤汤，顺之者昌，逆之者亡。人工智能时代终将到来，它终将成为我们生活中必不可少的组成部分。

其次，保持冷静。不能人云亦云，要客观看待人工智能，它既有长处也有短处，既有好处也有坏处。

再次，不要害怕。人工智能会替代一些工作，但不会让人类大规模失业，更不会让人类毁灭，人类和机器各有千秋，人机协同是常态。

最后，提早应对。要大力研究促进人工智能发展的关键核心技术，要提早谋划人工智能时代可能会遇到的安全、法律、道德等方面的问题。

作为普通民众，人工智能时代我们应该怎么办？

我们可能主要会成为三类人。

第一类是来自不远的未来的人，这类人是引领人工智能时代潮流的人。他们不是像先知、未来学家、科幻作者那样来自遥远的未来的

人，但他们确实是有远见卓识、能够很好预判未来一段时间科技和社会发展趋势的人，他们可能会成为行业的佼佼者。人工智能时代的行业领袖更多需要的是思想资源，而不是传统的土地、权力、物质、资金、关系等资源。一个好的思想，可以带来资金、技术、管理等，可以很快占领一个行业，也可以很快遍布各个区域，这些在以往的时代是难以想象的。

第二类是活在当下的人，这类人是顺应人工智能时代潮流的人。第一类人毕竟是凤毛麟角，大多数人会成为第二类人。这一类人，可能是智能化平台中的创业者，他们可以寻找一个适合自己的小的创业点，做自己喜欢和擅长的事情，过一种轻松惬意的生活；也可能从事着休闲享乐型服务工作，把兴趣爱好和工作有机结合起来，找到自己能够发挥特长和价值的定位。无论如何，这一类人都必须培养自己独特的技能，保证自己的工作不被机器替代，还要学会人机协同的技巧，保持良好的心态，尽情享受轻松愉悦的工作氛围。

第三类是活在过去的人，这类人是被人工智能时代潮流淹没的人。这一类人我们真心希望只是少数，但现实中可能依然不可避免会存在。这类人的主要毛病在于懒，要么是懒于思考未来，不能看清时代发展的趋势；要么是懒于改变自己，不去学习新的知识和技能。不要怨天尤人，不要抱怨时代发展的无情，未来要靠自己创造，自己的命运掌握在自己手中。要想在人工智能时代不被机器所替代，不被时代所抛弃，从现在开始，我们就应该积极行动起来。

相信人工智能时代更美好！

李　鹏

己亥年仲春于京华